いちばんよくわかる！
猫の
飼い方・暮らし方

成美堂出版

かわいくて
たまらない！

猫の魅力

「ずっと前から猫が好き」「最近猫に出会い、すっかりはまった！」。人が猫に夢中になる理由はたくさんありますが、あえてあげるなら、次の３つかもしれません。

1. 人の心を癒やす容姿としぐさ

飼い主さんを見つめる愛らしい目、すやすや眠る寝顔、しなやかでやわらかい体、プニュプニュした肉球…。ごはんを食べたあと満足そうに手で顔をこすったり、窓辺で日向ぼっこする姿など、見ているだけで胸がキュンとしたり、心がほっこりしてきます。

2. 自由でマイペース

しつこく追うと逃げたり、気がついたらそばにいたり…。猫好きの中には「人に媚びず、自由でマイペース、自分の主張をしっかり持っている」という猫の性質を好む人も、少なくありません。

3. 世話をしやすく、一緒に生活しやすい

猫は足音もせず、不妊手術を受けた猫のほとんどは、意味なく大声で鳴くこともありません。ほとんど体臭もせず、散歩の必要もなく、食事、排泄の世話とたっぷりの愛情があれば、人とよい関係が築けます。

猫を迎える前に、これだけは確認を！

猫を迎える大前提は、「猫が病めるときも健やかなるときも、愛情が注げること」です。「猫のかわいさに心を奪われて、先のことまであまり考えていなかった」という方は、ここで紹介する４つの項目を読んで、責任持って猫を飼えるかどうか、今一度、確認してみましょう。

1 終生、猫と幸せに暮らせるか

室内で生活する猫の平均寿命は、約 16 歳（一般社団法人ペットフード協会、2020 年調べ）。長生きさんでは 20 歳を超える猫もいます。猫を迎えたいと思ったら、この先の様々なライフイベントも共に猫と暮らせるかどうか、少し立ち止まって考えてみましょう。

猫を飼える住宅環境か

ペット禁止の賃貸住宅や集合住宅に住んでいるなら、猫の飼育は難しい場合が多いです。「猫は犬のように吠えないし、大丈夫」と甘く見て、結局、猫がいることが判明して退去を求められたりすることもあります。「大家さんに相談すれば何とかなりそう」という場合もあるでしょうが、そうでなければ、安心して猫と暮らせる住宅に引っ越すなど、住宅環境が整ったところで猫を迎えてください。

他の家族も一緒に暮らせるか

世の中には「猫が苦手」という人もいます。「あまり好きではないけれど、つかず離れずなら、まあよいか」程度なら、互いに適度な距離をとりながら生活できることもあります。でも「猫を見るのも、近寄られるのも嫌」という場合、お互いつらい思いをするだけです。人によっては「猫は苦手だったけど、一緒に暮らしたら猫好きに変身した」ということもありますが、家族に猫が嫌いな人がいる場合、よく話し合い、十分な理解が必要です。また、家族の誰かに猫アレルギー（23ページ）がないかどうかの確認も大切です。

経済的に問題ないか

猫を飼うと、必ずかかるのがキャットフードやトイレの猫砂、ペットシーツなどの消耗品の費用です。フードは、体質的な問題や病気で療法食が必要になることもあり、その場合、一般的なフードよりも割高になります。他にワクチン代や病気やケガをしたときの医療費もかかってきます。個体にもよりますが、猫の生涯飼育にかかる平均的な費用は、約130～140万円です（一般社団法人ペットフード協会、2020年調べ）。

猫と幸せに暮らすポイント

猫と飼い主さんが最高のパートナーでいられるために押さえておきたいポイントをあげてみました。大好きな猫と楽しい毎日を送るために実践してください。

「猫」という動物を理解する

「こんな高いところにジャンプするとは思わなかった」「呼んでも来ない（気が向くと来る）」「食事の前に『マテ！』を教えてもやらない」など、初めて猫を飼うと、猫の特性に戸惑う人がいます。特に、人（ご主人）に従順な犬と同じように猫を捉えている場合、戸惑いの度合いが大きいようです。猫には猫の特性があります。猫の行動をじっくり観察して、彼らの愛すべき特性を理解しましょう。

2 完全室内飼いが原則

ときどき「猫は外に遊びにいく動物」と思っている方もいますが、外には交通事故、外猫との衝突、ノミ・マダニ・猫免疫不全ウイルス感染症（猫エイズ）など感染症のリスクの他に、第三者による連れ去りなど、様々な危険があります。猫は完全室内飼いで、玄関、窓などは猫が出ていかないような工夫をし、外に出さないようにしてください。

3 猫が快適に暮らせる環境を

猫は、高いところを含めた専用のスペースが何カ所かあると、安心して休みます。また、食べると危険なものの排除（116ページ）、高所と低所を行き来できる昇降路の設置、脱走防止策など、猫が安全に生活できるための配慮も、猫目線で施してあげましょう（住環境については part 3）。

4 猫が健康でいられる食事を用意

昔は、ごはんに味噌汁をかけたり、かつお節を混ぜた「猫まんま」が主食の飼い猫も多かったもの。ノラ猫はネズミや鳥を捕獲して食べていましたが、現代の猫の主食は、栄養バランスの整ったキャットフードに変わりました。猫の健康のためにも良質のフードを与えましょう。

5 健康チェックを欠かさずに

「猫は病気を隠す動物」といわれます。「なんだか調子が悪いなぁ」というときは、どこか隅っこに隠れて出てこなかったり…。飼い主さんは、そんな猫の「いつもと違う様子」を感じ取ってあげましょう。また、体をなでることで、しこりを見つけたり、食事の仕方や排泄の様子で、いつもと違うことがわかったりします。日頃の様子をよく観察しましょう。

猫にやさしい動物病院をかかりつけに

猫の健康管理、病気やケガのときのために、かかりつけの動物病院があると安心です。基本的に猫も犬も診るのが小動物専門の獣医師ですが、慣れない環境が苦手な猫の習性に配慮した診療を行っている獣医師もいます。できればかかりつけは、猫の習性に配慮した設備や診療を行っている動物病院がおすすめです（詳しくは66ページ）。

はじめに

猫が、家の中と外を自由に行き来しながら生活していた時代は終わり、現代の猫の暮らしは、完全室内飼いがスタンダードになりました。

これは猫にとっても飼い主さんにとっても幸せなことで、不慮の事故や感染症の危険から解放された飼い猫の寿命は、平均約 16 歳。20 歳以上のご長寿さんも珍しくありません。

この長い月日を、飼い主さんと猫が「この子と出会えてよかった」「飼い主さんのもとに来てよかった」と思えることが、お互いにとって最高の幸せです。そのためには、飼い主さんが猫の習性を十分理解して、猫が「うれしい」「助かるなぁ」と思える世話と健康管理を行いながら猫に寄り添い、育てることが大切です。

この本を手にした方の多くは、何かしらの縁で猫を迎えた方、または迎えようとしている方でしょう。1 匹飼ったら猫のかわいさに魅せられて、「もう 1 匹迎えようかな」と考えている方もいるかもしれません。

本書は、多くの猫の飼い主さんの相談や治療経験をもとに、初めて猫を飼う方、経験者を問わず、みなさんのお役に立てるように制作しました。子猫の育て方、食事や排泄の世話、動物病院のかかり方、お手入れ、遊び、シニア猫のケア、看取りまで、生涯、猫と飼い主

さんが寄り添い暮らすためのノウハウを「猫と飼い主さん目線」で解説しています。

また、part 3「猫が幸せな住環境」では、人と動物の住まい設計の専門家、金巻とも子さんのご協力で、猫が安全・快適に過ごせる部屋づくりを紹介しました。ちょっとした家具の配置や爪とぎの工夫で、今住んでいるお部屋が猫と飼い主さんの「幸せ空間」になるアイディアが満載です。

Part 7の「病気の予防と治療」では、脳神経外科医でもあり獣医師の安部欣博先生のご協力で、「脳腫瘍」や「てんかん」など、比較的猫に多いといわれる脳疾患についても触れました。「もしも」のときに役立てていただければ幸いです。

そして本書を手に取ってくれた多くの方がページをめくりながら、猫との暮らしの中で遭遇する不安や疑問を「なるほど、そうだったんだ」と解決し、すべてのライフステージで猫の魅力を再認識し、猫との幸せな時間を過ごしていただけたら、猫専門獣医師として、監修者として、望外の喜びです。

浅草橋 ねこの病院

獣医師・岩下理恵、齋藤礼子、相馬淳子

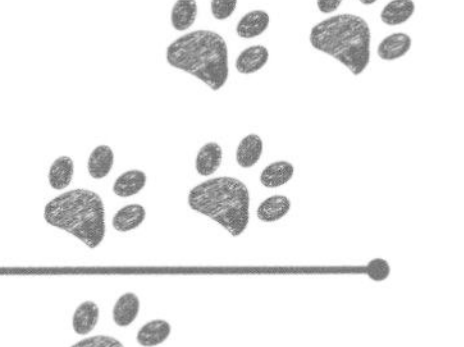

いちばんよくわかる！
猫の飼い方・暮らし方

もくじ

Part 1　猫ってこんな動物

Part 2 猫を迎える

Part 3 猫が幸せな住環境

Part 4 健康でおいしい食事

Part 5 快適なトイレ

Part 6　お手入れ・遊び

Part 7　病気の予防と治療

Part 8 シニア期の過ごし方

Part 1

猫ってこんな動物

猫と上手につきあうために知っておきたい11の習性

ハンターとしての能力に優れた動物

猫（正式名＝イエネコ）はネコ科に属し、ライオン、トラ、ヒョウ、チーターなどもその仲間。「イエネコ」のルーツは、最古の哺乳類「ミアキス」から進化した「ヤマネコ」が家畜化されたものという説が濃厚です。

猫は生まれつき狩りをする狩猟動物で、ずば抜けたジャンプ力、優れた聴覚や嗅覚、動くものに即座に反応する習性など、全てハンティングのために備わった能力です。

日本国内で多く飼われている日本猫や純血種の猫は、毛色や体格などに違いはあるものの、猫が本来持っている習性に変わりはありません。ここで紹介する猫の習性をよく理解して、本能的な行動を尊重することが、猫との幸せな暮らしにつながります。

環境の変化が苦手

猫は縄張り意識が強く、自分のテリトリーにいることで安心します。テリトリーにはたっぷり自分のにおいがついていて、そのにおいがしない場所に置かれることをとても不安に感じます。そのため、自分の家以外の場所に連れていかれたり、引っ越しで住宅環境が変わったりすると、慣れるまでに時間がかかることがあります。

習性2 知らない人が苦手

「お客さん大好き！」という猫もいますが、「飼い主さん以外の人はダメ」「男性（または女性）は苦手」という猫もいます。そのため玄関のチャイムが鳴っただけで隠れたり、来客があると耳を倒してそーっと押入れの中に隠れてしまうということもよくあります。猫が隠れても無理に出そうとしないで、そっとしておくことです。猫が隠れる専用の場所を用意してもいいでしょう。

遊び好き

猫の狩猟本能にスイッチが入るときとは、例えば部屋に突然虫が侵入してきたり、ヒラヒラと動く紐などを見つけたりしたとき。特に目立った目的もなく暴走したり、多頭飼育の場合、突然、猫同士で追いかけっこが始まったりするのも、狩猟本能の影響があります。そんなときは、猫じゃらしなどを利用して遊んであげて、エネルギーを発散させてあげましょう。

Check! 猫の「夜行性」はホント？

夜中に運動会を始めたり、外猫の集会が夜によく見られたりすることから、「猫は夜行性」といわれることがあります。これには諸説あるようですが、必ずしもそうとは限らないようです。外猫が夜集会を開くのは、猫は少しの光があれば行動に不自由せず、また、人や車の少ない夜のほうが安全だからともいわれます。夜中の運動会は、昼間忙しい飼い主さんとゆっくり過ごせる夜に「かまってほしいモード」になるからかもしれません。

習性 4 しつこくされるのは苦手

「最初は気持ちよさそうになでられていたのに、突然怒り出す」「抱っこしようとすると嫌がる」など、猫の態度に「つれないなぁ」と思うことがあるかもしれません。なでられていたのに突然怒ったり咬んだりするのは「愛撫誘発性攻撃行動」（168ページ）と呼ばれる行動です。一方で「寝心地がよいな」と思えば、飼い主さんのひざの上でいつまでも寝ていることもあります。猫との関係にヒビが入らないように、嫌がるときはそっとして、寝たいときは寝かせてあげましょう。

習性 5 狭いスペースが大好き

猫は、体がやっと入るぐらいのスペースにきっちり収まっていることがあります。考えられる理由の一つは、狩猟動物としての本能。敵から身を隠して獲物を狙う習性から、狭い箱などに入ることで安心するという説です。他に、猫は体がやわらかいので、多少小さな箱でも入れてしまうという物理的な理由もありそうです。

習性6 きれい好き

猫はよく、手で顔をこすったり、体をペロペロ舐めたりしています。猫がこうして体を舐めることを「セルフグルーミング」（148 ページ）といい、きれい好きの猫は、自分の体を自分でお手入れできる天才です。

習性7 トイレ環境にこだわりがある

トイレは
いつもキレイ
にしてね!

「細かい粒の猫砂は好きだけど、紙砂は嫌がる」「トイレが汚れていると入らない」「フルカバー（屋根付き）トイレよりもフルオープン（屋根なし）トイレを好む」など、猫はトイレにこだわりがあります。猫が排泄をがまんして泌尿器系の病気にならないためにも、猫が好むトイレの設置とこまめな掃除で、快適なトイレ環境を。

習性8 母性本能が強い

哺乳動物の中でもメス猫の母性本能は強いといわれ、これは自分で産んでいない子猫に対しても発揮されます。子育て中のメス猫は、外敵から子猫を守ることで必死ですから、むやみに手を出さず、母猫に任せましょう。

習性9 優れた学習能力

例えば朝ごはんの時間になっても飼い主さんがなかなか起きてくれないという場合。猫は、おなかの上にダイブしたり、顔の近くに座って長いシッポで飼い主さんの顔をなでたりするなど、どうすれば飼い主さんが起きてくれるかをよく知っています。ドアを閉めても猫がジャンプして、レバー式のドアノブを下ろしドアを開けて自由に部屋を出入りする、ということもあります。

飼い主さんがドアを開ける様子を見て学習し、ドアノブに飛びつき、自力で開けることも。

習性10 よく寝る

猫を見ていると「いつも気持ちよさそうに寝ているな」と感じることがあります。猫は寝ることも得意で、日本語の「猫」は「寝子」が語源という説もあるそうです。ネコ科の動物は、獲物にありつけておなかがいっぱいのときは、次の狩りに備えて十分に休む習性があるといわれ、猫がよく寝るのはその本能ゆえかもしれません。

高いところが好き

タンスの上、食器棚の上など、猫は高いところを好みます。理由は、「高いところなら広い視野で見渡せ、外敵から身を守りやすい」という野生の本能といわれます。猫がジャンプして棚などに上れるようになったら、専用のスペースを作ってあげましょう。安全に上り下りするためにも、キャットタワーや踏み台を用意するとよいでしょう。

木の上や高い塀の上などを好むのも、いち早く危険を察知できて身を守ろうとする野生の本能。

Check! 飼い主の都合で叱るのはダメ！

明け方、猫に朝ごはんの催促で起こされたり、パソコンのキーボードに乗って仕事の邪魔をされたり…。「やめて！」と大声で叱ったり、叩いたりしても、猫の行動が変わることはありません。朝起こされてしまうのがつらいなら、時間をセットしておけばフードが出てくる自動給餌器を利用するなどの別案を。人と猫の生活は、人が猫の行動を理解して、猫に合わせながら生活するほうがうまくいきます。

短毛と長毛、選ぶときのポイント

長毛種は定期的なブラッシングが必要に

猫は、大きく分けると短毛種と長毛種があり、長毛種は短毛種よりも定期的なブラッシングが欠かせません。これを怠るとあちこちに毛玉ができたり、被毛がフエルトのように固まって手がつけられなくなり、皮膚炎を起こすこともあります。また、肛門の周囲や肉球の間の被毛が伸びてきたら、バリカンやはさみによるカットが必要です。長毛種を迎えたいと考えたら「この先ずっと、定期的にブラッシングなどのお手入れを続けられるどうか？」が重要なポイントになります。「その余裕はなさそう」という場合、お手入れの手間が少ない短毛種を考えてもよいでしょう。

短毛 お手入れの手間は少ない

定期的なブラッシングの必要はありませんが、換毛期は抜け毛が増えるので、週に2、3回はラバーブラシなどで軽くブラッシングしてあげましょう(150ページ)。

長毛 子猫の頃からブラッシングに慣れさせる

被毛は絹のように細くフワフワで、なめらかななで心地が魅力です。長毛種と暮らす上で最も大切ともいえるブラッシングは、子猫の頃から慣らせ、嫌がらないようにしておきましょう。どうしても自分でできないときは、動物病院や猫の扱いに慣れたトリミングサロンにお願いすることになります。長毛種を検討するなら、その場合のトリミング費用も念頭に置いておきましょう。

Check! 猫アレルギーとは？

猫アレルギーの主な原因（アレルゲン）は、猫の皮脂腺や唾液から分泌される物質です。猫が体を舐めたり、掻いたりすると、これが毛やフケに付着して空気中に飛散し、吸い込んだ人間がくしゃみや鼻水などのアレルギー症状を起こします。こまめな掃除、空気清浄機の利用の他に、ブラッシングによる抜け毛対策も、アレルゲンとの接触を減らすといわれています。なお、アレルゲンを減らすフードも市販されています。

長毛種がなりやすい毛球症

猫は自分の体を舐めてきれいにします。このときに飲み込んだ毛がうまく便とともに排泄されないと吐いて出しますが、うまく吐き出せないと胃の中で大きくなった毛玉が腸に流れ、便と便をつなげ、便が出にくくなることも（毛球症）。毛の長い長毛種は毛球症になりやすいので、まめなブラッシングで飲み込む毛を減らすことも大切です。

短毛の猫

日本猫

日本で最も多く飼育されている猫（雑種）。毛色は白や黒の単色か、白、黒、茶、灰色などが様々なパターンで組み合わさっている。白、黒、茶がくっきり分かれた配色の三毛猫は、遺伝子の関係でメスがほとんど。

アメリカン・ショートヘアー

アメリカを代表する猫。代表的な毛色はシルバーと黒の縞模様で、ブラウンやクリーム色などをベースにした配色もある。しっかりした骨格と筋肉で、人に慣れやすい。

短毛

ロシアンブルー

ビロードのようななで心地のダブルコート（外側のオーバーコートと内側のアンダーコートの二重構造）の被毛、エメラルドグリーンの目、三角形の顔が特徴。純血種の中では遺伝的な疾患は少ないといわれる。

アビシニアン

V 字型の大きな耳とアーモンド型の目が特徴。毛色の代表は赤褐色だが、他に赤系や淡い黄系、ブルー系も。被毛１本が３～４色で成り立ち、毛を掻き分けると、表面と根本では色が異なる。

短毛

マンチカン

一番の特徴は足が短いことだが、典型的な短足の他に、標準的な足の長さや短足と標準の中間の長さの子もいる。足の短い子は、特に関節に負担がかかりやすいため、肥満にならないように注意を。短毛だけでなく、毛の長さは様々。

シンガプーラ

純血種の中では最も小さな猫といわれ、顔のサイズのわりに大きな耳と目が特徴。身軽で活発なので、たくさん遊んであげるとよい。

短毛

ベンガル

ヒョウ柄(ロゼット)が代表。祖先は絶滅危惧種のベンガルヤマネコで、イエネコと交配して生まれた種。運動量が多いため、遊びが少ないとストレスによる皮膚の舐め壊しなどが起こりやすい。

ブリティッシュ・ショートヘアー

被毛は密度が高くビロードのようで、がっしりとした体つきが特徴。初心者でも飼いやすい。

長毛の猫

ノルウェージャン・フォレストキャット

首まわりから胸にかけての襟毛と、後ろ足、足先、耳の飾り毛が特徴。体の成長はかなりゆっくりで、１歳を迎えてからも骨格は大きくなり、成猫になると 7.5kg前後になる子もいる。

メインクーン

イエネコの中では最も大きな品種の一つ。中には、体長100㎝以上になる子もいる。大きな体でもジャンプしたり走りまわったりするため、狭い環境での飼育は不向き。

長毛

ペルシャ

チンチラゴールデン

全身が絹のような被毛で、大きな目と潰れた鼻が特徴（ピークフェイス）。ペルシャの一種の「チンチラ」は、鼻が潰れていない（ドールフェイス）。

ソマリ

アビシニアンの長毛種。シッポが長く、体よりも長い毛で覆われている。標準的な体重は３～５kgで、やや筋肉質。

男の子と女の子の違いを知っておこう！

男の子は筋肉質、女の子は柔軟な体つき

男の子、女の子の違いは生後１～１カ月半ぐらいまではわかりにくいですが、成長とともに生殖器で判断できるようになります。体つきは品種にもよりますが、一般的に男の子のほうが大きく筋肉質、女の子は小さく柔軟でやわらかです。

性質は「男の子は甘えん坊」、「女の子はおっとりマイペース」など共通の傾向はあるようです。しかし男の子だから、女の子だから、では分けられない猫それぞれの個性があり、女の子でも甘えん坊の子はいますし、男の子でもおっとりした子はいます。一緒に暮らすうちに意外な面を見せてくれるのも、猫の魅力といえます。

子猫の性別判断

男の子、女の子の見分けは、肛門と生殖器の距離が目安になります。距離が離れているのが男の子、近いのが女の子です。男の子は成長と共に肛門と生殖器の間にある睾丸が大きくなってきます。

男の子、女の子の特徴

個体差もありますが、全体的に男の子と女の子では、性格や特徴に次のような違いがあります。

- なわばり意識が強い
- 甘えん坊
- 女の子に比べると骨太で大きく、がっしりした筋肉質
- やんちゃで活発、遊びが大好き
- 成猫になっても子猫っぽい一面も

- 穏やかでおっとり、マイペースな子が多い。一方で、しっかり者で気の強い子も
- 男の子に比べると柔軟でやわらかい体つき
- 出産すると母性愛が強まり、その後、避妊手術をしてもその傾向は強い。野生の世界では、仲間の女の子が共同で子育てをするという説も

発情と繁殖

猫の発情は日照時間に関係し、日照時間が長くなる春〜秋にかけて繰り返し発情します。猫は「交尾排卵」といって、交尾すればほぼ確実に妊娠し、2カ月の妊娠期間を経て、4〜8匹（平均5匹）の子猫を出産します。室内の明かりに照らされ、栄養状態のよい飼い猫は季節に左右されず、一年中、交尾、出産できる状態にあるといえます。女の子は生後半年〜1年で出産できるようになりますので、うっかり家の外に出てしまったタイミングで妊娠する可能性もあります。「万が一」を防ぐためにも、繁殖させないなら発情前に避妊・去勢手術（74ページ）を受けておくようにしましょう。

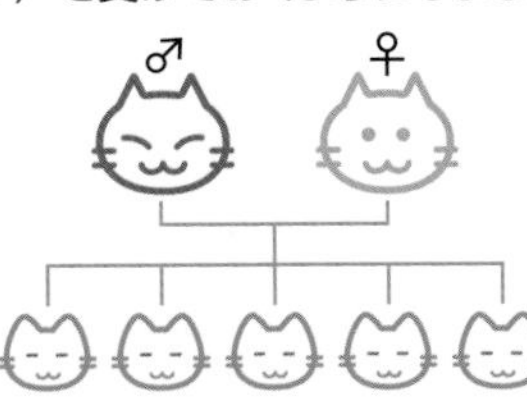

1回の出産で平均5匹。1年に2、3回の出産で、10〜15匹の子猫が産まれる計算に。不幸な猫を増やさないためにも避妊・去勢手術は大事。

しぐさや鳴き方でわかる猫の気持ち

猫は自分の気持ちを静かに伝える

うれしいと、吠えたり飼い主に飛びついたり、顔を舐めたりするオーバーアクションの犬と違って、猫は、全身のボディランゲージや鳴き方、耳や目、髭、シッポの動きなどで、静かに気持ちを表現し、飼い主さんに伝えます。

「今のしぐさは親愛の証」「もしかしてゴキゲンななめ？」「これは怖がっているな」など、猫の気持ちが現れるサインは、猫と暮らしているうちにわかってきます。ここでは代表的なサインを紹介しましょう。

甘えたいサイン

スリスリ

シッポをピンと立て、飼い主さんに近寄ってきて、足に体や頬をこすりつけたり、頭を勢いよくぶつけてきたりする子もいます。これは甘えのサインであるとともに、飼い主さんに自分のにおいをつける「マーキング行動」を兼ねています。柱やテーブルの角などお気に入りの場所にあごをこすりつけたりするのもマーキング行動です。

ゴロ～ン

猫にとっておなかは無防備な部分。ゴロンと寝ておなかを見せるのは「ここは安心できる場所」「大好きな飼い主さんがそばにいてうれしいニャ！」とリラックスしている証拠。「かまって！」「遊んで！」とアピールしていることもあります。

安心していると
おなかを見せちゃうよ！

モミモミ・フミフミ

寝ている飼い主さんのおなかの上を猫が前足でフミフミしたり、やわらかい毛布やクッションをモミモミしたりすることがあります。よく見ると前足の指を「グー」「パー」と広げたり閉じたりしながら押し付けています。この「足踏み」は、子猫が母猫のおっぱいを飲むときに、おなかを押して母乳の出をよくするために行う行動の名残で、甘えたり安心したりしているときに見られます。

怒り・不安のサイン

毛を逆立てる

全身を大きく見せて「これ以上、嫌なことをしたら容赦しないからな！」と怒っていると同時に、ちょっと怖い気持ちも。鼻にしわを寄せて、「シャーッ」「フーッ」と声を出すこともあります。

隠れる

猫は環境の変化が大の苦手。飼い主さん以外の人が来るとサッと隠れ、「どんな人だろう？」「怖くないかな？」と聞き耳を立てて様子をうかがっています。

肉球に汗

極度の緊張状態のときに、肉球から汗が出ます。動物病院が苦手な猫では、診察後の処置台が濡れていることも。

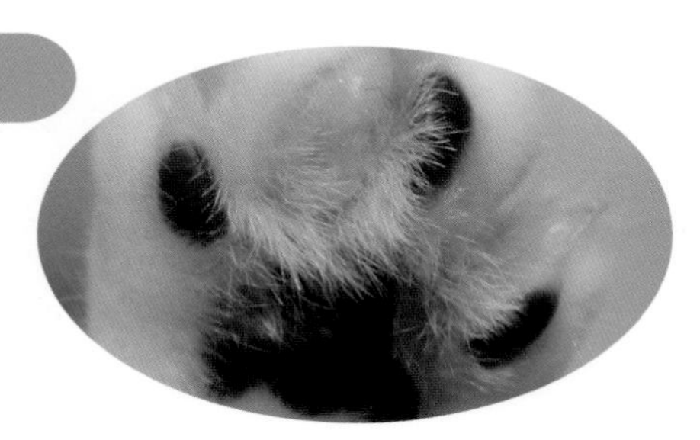

耳を倒し、背中を下げる

不安や恐怖心が強いときのポーズ。自分を小さく見せて防御態勢をとっています。

シッポの動きにも猫の気持ちは現れる

ピ〜ン！と立てている

「やった〜！ごはんだ」「大好きな飼い主さんが帰ってきた！」など、うれしいときやかまってほしいとき。

立てたシッポの先をゆらゆらさせる

「かまって」「遊んで」とご機嫌なサイン。

ボワ〜っと太くなっている

「怖い！」「ヤダ！　こっちに来ないで！」など、恐怖や怒り。

左右に大きくブンブン振っている

「しつこいわね！」など、イライラしている。寝た姿勢でシッポを床に叩きつけるときはイライラ MAX かも？

シッポをくるりと巻いている

前足が隠れるくらいシッポを体に巻きつけているときは、気持ちが安定しているとき。

鳴き声でも猫の気持ちは理解できる

大きな声で「ニャ～ン」、小さな「ニャッ！」など、猫の鳴き声には気持ちが秘められています。猫の鳴き方と行動を観察すると「今はゴキゲンなんだね」「ちょっとイライラしているかな？」と、理解できるようになります。

猫の鳴き方と気持ち

ニャッ！（またはミャッ！）

飼い主さんと目が合ったときの挨拶のことが多い。獲物を狙っているときに後ろから声をかけたりすると小さく「ニャッ！」（静かにして）と鳴くことも。

ニャ～ン！

甘えたように目を細めながらの「ニャーン！」、飼い主さんが帰宅したときの「ニャ～ン！」などはうれしいとき。まとわりつきながらの「ニャ～ン！」は、「ごはんまだ？」「遊んで～」と要求のメッセージのことも。

シャ～ッ！ フーッ！

威嚇しているとき、怖いときの声。耳を傾けて鼻にしわを寄せて怖い顔になるのですぐわかる。

（大きな声で）ニャオ～ン（アオ～ン）

1匹になったときや夜中など、不安なときの鳴き声。また、発情しているときも大きな声で、「ニャオ～ン」「アオ～ン」と繰り返し鳴く。

（細かく）ニャニャニャッ！（または「カカカカカ～」）

窓の外の鳥を眺めながら「しとめてやる」など、やる気満々のときの鳴き声。

「ゴロゴロ」と喉を鳴らす

「ゴロゴロ」は、「気持ちいい」「幸せだニャ～」というときの喉の音。不安で気持ちを落ち着かせようとするときは低いゴロゴロ音。

ゴロゴロ～

猫の体の特徴と機能

特徴や機能を知れば接し方がわかる

猫は弱い動物だからこそ、生き抜くために様々な機能が備わっています。中でも優れているのが五感のうちの「聴覚」「嗅覚」「触覚」で、人間にはわからない音を聴き分け、においを嗅ぎ分け、被毛やヒゲで身のまわりに危険がないかどうかを察知しながら生活しています。また並外れた瞬発力、ジャンプ力も猫が自慢できる機能です。

猫の体の特徴と機能を理解すると、猫が安心できる接し方や快適な生活環境も見えてきます。

鼻

- 鼻の奥にある嗅細胞が発達し、「自分のにおい」「飼い主さんのにおい」などと細かく嗅ぎ分ける
- 鼻の先（鼻鏡）は、寝ているとき以外は湿っていることで、においをキャッチしやすくしている。自分のにおいがない環境に行くと不安になる

目

- 瞳の色は、ブルー、グリーン、イエローなど。瞳孔は丸くなったり縦に細くなったりしながら光を調節する
- 遠くがよく見え、近くは見えにくい
- 暗いところでもよく見える
- 色を識別するのは苦手

口

- 舌の表面のザラザラした突起（糸状突起）は、獲物の肉をそぎ落とすためのもの。イエネコはこれをブラシ代わりにしてグルーミングする
- 獲物に咬みつく「犬歯」と、肉を噛み砕く「臼歯」がある
- 味覚は鈍く、好みの食べ物かどうかは、まずにおいを嗅いで判断する。猫は、旨味、苦味はわかるが甘味は感じないといわれる

Check!

猫の目が光るのはなぜ？

猫の網膜には光を感じる細胞が無数にあり、網膜の後ろ側にある「タペタム」（反射板）が外からの光を反射して、網膜に光を再収集します。暗いところで猫の目に光をあてると光ることがあるのは、タペタムが鏡のように光を反射するためです。この働きのおかげで、猫の目は、暗いところでもよく見えます。

猫の各パーツの機能と役割

- 人間の約４倍の約６万ヘルツの高音まで聞こえる
- 音のする方向もわかる

- 目の上の「眉上毛」、頬骨のあたりの「頬骨毛（きょうこつもう）」、口を真ん中に左右に伸びる「上唇毛」と「口角毛」、あごの下の短い「頭下毛」、手首に「毛根触毛」がある
- 根元にはセンサー（感覚受容器）が豊富で、ヒゲ（触毛）が触れたところの情報を敏感にキャッチ
- 近くが見えにくい分、優れたヒゲセンサーで、狭くて暗いところでも自由に動ける

猫の耳が動くのはなぜ？

猫は、パラボラアンテナのように自在に耳を動かし、音のする方向をキャッチします。猫の聴力は遠くの獲物が立てる小さな音を聞き逃さないために発達したといわれます。

- 短い、長い、中くらいと様々。シッポの先が曲がっている猫もいる
- シッポを動かして、気持ちを表現する

注意！ ヒゲは切らないで！

猫にとってヒゲは大切なセンサーで、なくなると思うように行動ができなくなります。ヒゲを切ったり、しつこく触らないように注意を。

- 体温を調節したり、外部の刺激から体を守っている
- 大きくは短毛と長毛に分けられるが、セミロングなどもいる
- 室内飼いの猫は、１年を通して抜け替わる

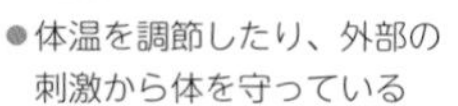

肉球

- 足の裏にあるプニュプニュの肉。前足に７カ所、後ろ足に５カ所ある。肉球は猫が唯一、汗をかく部位で、暑さの他に、緊張したときにも汗が出る

足

- 後ろ足の筋肉が特に発達し、ジャンプ力と瞬発力に優れる
- 足の指は、前足５本、後ろ足４本

爪

- 薄い層が重なっていて、古くなると外側の層がはがれ落ちる
- 子猫の頃は爪を出したままでいるが、次第に引っ込める
- 木に登ったり、敵や獲物を攻撃するときに爪を出す

猫なんでもQ&A

Q 毛色や品種で性格が違うのですか？

A

例えば、チンチラやロシアンブルーは気が強い、アメリカン・ショートヘアーは明るく温厚、ベンガルは活発で遊び好きなど、猫に関する本やインターネット上には様々な情報があります。確かにベンガルは、活動的な気質が共通し、遊びが足りないとストレスから皮膚を舐め壊し、遊びが増えると治ることもあります。

しかし、品種による性格傾向がすべてあてはまるかというとそんなことはなく、子猫の頃に育った環境や親猫から受け継いだ性格に影響されることのほうが大きいように思います。また、自宅で飼い主さんには甘えん坊で、動物病院に来ると怒りっぽくなるなど、性格は環境によっても変わります。日本猫でも、茶トラは気が強い、白黒ハチワレ模様はかしこい、白黒ブチ模様は温厚などといわれますが、どれも生態学的な根拠はありません。どんな毛色や模様でも、その子の個性を尊重し、愛情を注いで育てることで、飼い主さんとよいパートナーシップを持つことができます。

Q 猫を迎えるときに「ケージの中で飼ってください」と言われましたが、猫はケージで飼う動物なの？

A この質問は、ブリーダーやペットショップの販売員に「ケージに慣らしてください」と教えられたことを、「ケージの中で飼う」と勘違いしているのかもしれません。猫の生活スペースは家の中で、ケージの中ではありません。猫をケージの中だけで生活させると、自由に遊んだり、窓の外を眺めたり、好きな場所でくつろいだりすることもできません。そのストレスから、ケージから出したときに、危険なものやかじられたくないものをかじる、スプレー（143ページ）をするなど、様々な問題行動を起こしやすくなります。

ケージは、猫が病気で安静に過ごさなければならないときや、新しい猫を迎え、しばらく先住猫と生活空間を分けるとき、飼い主さんが料理や食事をするために、少しの間だけ猫におとなしくしてもらいたいときなど、あくまでも一時的に猫を入れておくためのものです。様々なシーンでケージは役立ちますが、使い方を間違えないようにしましょう。

Column

かわいいだけじゃない！肉球の優れた機能

肉球を持つ動物は、ネコ科、イヌ科、クマ科、イタチ科の他、一部の有袋類などです。主な役割は、高いところから飛び降りたときに衝撃を和らげるクッション、歩くときや走るときのすべり止め、肉球が接する面の温度や感触から、歩いているところに危険なものがないかを確認する、などです。また、猫は歩いても足音がしませんが、これも肉球のおかげ。肉球は獲物に気づかれずに仕留めるためにも大切なパーツなのです。

前足

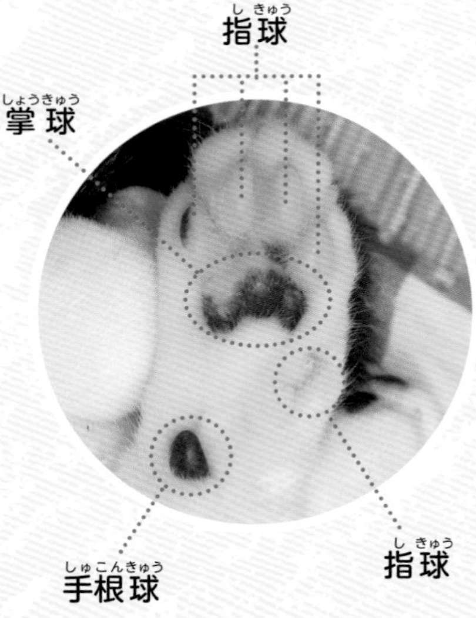

指球
掌球
手根球
指球

後ろ足

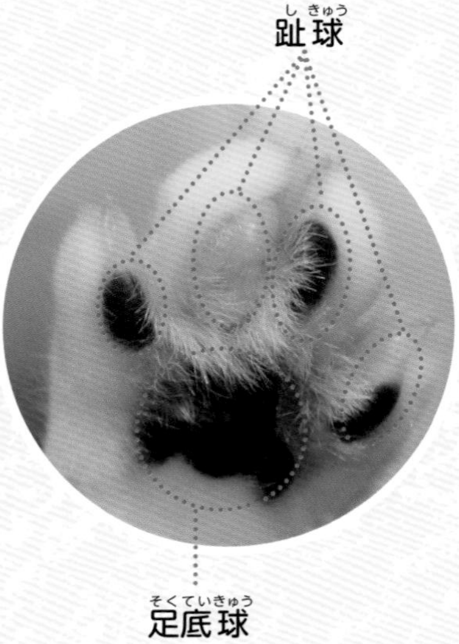

趾球
足底球

Part 2

猫を迎える

知っておきたい猫のライフステージ

室内飼いの猫の寿命は平均約 16 歳

猫の成長は早く、1 歳の猫は人間の18 歳。1 年間に赤ちゃんから大学生くらいまで急成長し、2 歳で 24 歳。その後は 1 年で人間の 4 年分ずつ歳をとります。老化はおおむね 7 ～ 8 歳から始まり、室内飼いの猫の寿命は平均約16 歳（一般社団法人ペットフード協会、2020 年調べ）。猫の成長過程を見ながら、いつ頃、どんなことに気をつけたらよいのかを知っておきましょう。

誕生～生後 2 カ月
（新生児期～離乳期）

この時期は、通常なら母猫が育てますが、何らかの事情で母猫がいなければ、人間が子猫用ミルクを与え、排泄を介助しながら育てます。目が開き、上下の歯が生えてきたら、子猫用ミルクの他に離乳食を少しずつ与えて離乳の準備を始めます。

生後 2 カ月～ 1 歳
（幼猫期）

生後 2 ～ 3 カ月を目途に初回のワクチン接種を済ませ、3 ～ 4 週間後に 2 回目を接種。性成熟は、男の子は生後 3 ～ 6 カ月頃、女の子は 4 ～ 6 カ月頃です。生後半年を目安に避妊・去勢手術の検討を。

猫と人間の年齢比較表

猫	人間
1カ月	4歳
2カ月	8歳
3カ月	10歳
6カ月	14歳
9カ月	16歳
1歳	18歳

猫	人間
1歳半	20歳
2歳	24歳
3歳	28歳
4歳	32歳
5歳	36歳
6歳	40歳
7歳	44歳
8歳	48歳
9歳	52歳
10歳	56歳

猫	人間
11歳	60歳
12歳	64歳
13歳	68歳
14歳	72歳
15歳	76歳
16歳	80歳
17歳	84歳
18歳	88歳
19歳	92歳
20歳	96歳

猫にもよりますが、1歳ぐらいで成長が止まります。成猫期は一生の中で最も体力があり、活発に過ごせる時期ですが、持病がある子の場合、5歳頃から何かしら病気のサインが見られることも。歯垢がたまる子も増えてきますので、歯みがきなどのデンタルケアも忘れずに。

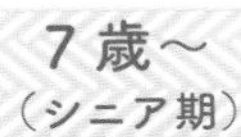

7～10歳が「中年期」、11～14歳が「高齢期」、15歳以上が「後期高齢期」。今は20歳を超えても元気な猫は珍しくありません。加齢に伴い慢性腎臓病や腫瘍（がん）の発生率も増えてきます。より健康管理に気をつけて。

ペットショップ、ブリーダー、保護猫など、入手先はいろいろ

猫を迎えるパターンは複数ある

猫の入手方法は、ペットショップやブリーダーから購入する、保護猫の里親になる、友達などからもらい受ける、偶然外猫を保護するなど様々です。それぞれの入手先の特徴や注意点を理解して、猫を迎えてください。

ブリーダーやペットショップから迎える

ブリーダーやペットショップなどの販売業者（第一種動物取扱業者）は、動物愛護管理法の下で、動物を適正に飼育、販売しなければならないことが義務付けられています。ブリーダーやペットショップから猫を迎えるなら、その業者が法令を遵守し、動物の幸せと健康を最優先にしているかどうか見極める必要があります。購入を検討したら必ず販売業者と対面し、納得できるまで話をしてください。

ペットショップ

主流はチェーンの子犬・子猫販売専門店やホームセンター内に展開する生体販売コーナーなどです。子猫や子犬を陳列していますので「かわいくて衝動買いしてしまった」ということのないように。

ここをチェック

- □ 店舗内の見えやすいところに「第一種動物取扱業者登録証」の掲示があるか
- □ 猫について専門的な知識があるか
- □ ショップ内、ケージ内を不潔にしていないか
- □ 子猫をときどき遊ばせているか（ケージの中に入れたままにしていないか）
- □ 書面を用いながら適切な飼育方法などの説明ができるか
- □ ブリーダー、離乳の時期、感染症の有無、遺伝性疾患のリスクについて説明できるか

^.^ ブリーダー（繁殖業者）

自宅などで猫や犬を繁殖させて販売する業者。ペットショップを介さないので、繁殖環境や親猫、きょうだいの情報を直に確認できる点はメリット。ブリーダーから迎えるなら、できるだけ一つの品種を長く繁殖し、その品種に詳しく、右下のチェック事項をクリアした業者を。

ここをチェック

- □ 猫の両親、きょうだいの情報、賞歴などを書面を用いながら説明できるか
- □ 猫の飼育方法について、丁寧にわかりやすく説明できるか
- □ 遺伝性疾患について詳しいか
- □ 飼育環境は衛生的か
- □ 感染症対策は徹底しているか

生後56日以下の犬猫の販売禁止、マイクロチップの義務化

2019年6月に公布された「改正動物愛護管理法」では生後56日以下の犬猫は販売できないことになりました（2021年6月1日施行。秋田犬など一部例外あり）。これは、売りやすさのために早期に親やきょうだいから離された猫や犬が将来問題行動を起こしやすかったり、健康に問題が生じやすかったりするため、改められたという経緯があります。同法では他にも対面販売の義務化（インターネット販売は実質的に禁止）、マイクロチップ（82ページ）装着の義務化（2022年6月1日施行）なども新たに盛り込まれ、販売される犬猫はマイクロチップ装着済みとなり、迎えた飼い主は登録変更を行うことになります。

保護猫を譲り受ける

　保護猫を譲り受ける場合、「里親になる」という表現がよく使われます。保護猫の譲渡元は、動物愛護団体や組織による譲渡会、動物愛護センター、動物病院、保護猫カフェなど。他に地域の外猫と仲良くなって保護したり、子猫を拾ったり、知人や友人のところで産まれた猫をもらい受けたりすることもあります。

里親になったら大切に育ててね！

譲渡会

　動物愛護団体などが決まった日時に飼い主のいない猫や犬と里親との縁結びのために開く会。愛護団体には公益財団法人の他に個人の団体もあり、ホームページや会報誌などで日時、場所などを告知します。譲渡会に参加して気に入った猫がいても無条件に譲渡されるわけではなく、家族構成、飼育環境など、終生飼育に向けた様々な条件があります。詳細は主催する団体に問い合わせを。

動物愛護センター

　各都道府県にある動物保護施設。近年、「動物の殺処分ゼロ」を目指し、保護動物の里親募集も行っています。民間の愛護団体と同様に、里親になるための様々な条件を満たさなければ譲渡されず、センターが実施する事前講習会の受講、譲渡後の調査に協力するなどの要件もあります。

動物病院

　保護猫を一時保護し、里親を募集している動物病院もあります。院内に保護猫ボランティアなどによる「里親募集」の貼り紙が貼られていることもあり、それをきっかけに猫をもらい受けることも。

保護猫カフェ

　保護猫と里親をつなぐためのカフェスペース。カフェに通いながら相性のよい猫を探したり、今すぐは飼えない人が将来飼うために猫の習性を知っておくなど、利用目的は様々。保護猫のボランティア活動を行っている人がオーナーであることが多いようです。

外猫を保護

猫を飼うきっかけとして最も多く、猫の飼い主の約 33%が外猫を迎えています（一般社団法人ペットフード協会、2020 年調べ）。出会いのパターンは、毎日顔を合わせているうちに仲良くなる、産まれて間もない子猫を拾ったなど様々ですが、「飼う」と決めたなら、まずは動物病院でウイルス検査やノミ・ダニなどの外部寄生虫、猫回虫・瓜実条虫などの内部寄生虫の検査を受け、必要があれば治療を受けてください。それまで外にいた猫でも、家に迎えたら完全室内飼いで。

避妊・去勢手術が済んだ外猫は、殺処分を避けるための目印として耳先をＶ字にカットされていることが多い。手術で麻酔をかけたときにカットするので痛みはない。

母猫のいない子猫を見つけたら…

開眼していない、あるいはやっと歩けるくらいの子猫を見つけたら、近くに母猫がいないかしばらく様子を見てください。母猫がいないようならはぐれてしまったか、育児放棄の可能性もあります。保護したらまず保温して、動物病院を受診してください（世話の仕方は 53 ページ）。

子猫を迎えるために必要なもの

すぐに必要なもの、あとで揃えればよいもの

離乳前の子猫なら、粉ミルクや哺乳瓶、保温用品などが必要ですし、離乳が済んでいるなら離乳食や子猫用フード（キトンフード）、子猫用トイレ、猫砂やペットシーツ、キャリーケースなどが必要になります。ケージや首輪、おもちゃなどは、あとでゆっくり考えればよいとして、迎えた猫の月齢によって必要最低限のものから揃えるようにしましょう。

離乳前の子猫（乳歯が生えていない猫）

母猫からはぐれたり、人に遺棄された離乳前の子猫を保護した場合、まず必要なのは、哺乳瓶、子猫用ミルク、保温用品です。哺乳瓶の乳首がくわえられないくらい小さな子猫なら、スポイトでミルクを飲ませたり、ガーゼにしみ込ませたミルクを飲ませることもあります。

子猫用ミルク

保温用品

湯たんぽやホット用のペットボトルなどをタオルなどでくるんで子猫を保温して体温低下を防ぐ（保温用ベッドの作り方は53ページ）。

哺乳瓶

子猫用の哺乳瓶。ペット用品売り場やインターネットでも購入可。哺乳瓶の乳首がくわえられないときは、スポイトがあると◎。

ガーゼ

ミルクを吸わせる他、顔を拭いたり排泄を助けたりするのにも役立つ。

※写真脇にアルファベットの付いた商品は、222ページに販売元を記載しています。

離乳後の子猫（乳歯が生えた猫）

乳歯が生えたら自力で食べて、排泄できるようになります。離乳食や子猫用トイレなど食事や排泄関連のグッズを中心に、通院に必要なキャリーケースもあるとよいでしょう。

離乳食・子猫用フード

市販の離乳食でも、お湯でふやかした子猫用フードにミルクを混ぜても OK。1日4～5回程度に分けて与える。

Ⓐ

猫砂・ペットシーツ

Ⓕ

紙製、鉱物系、木製など様々な素材の猫砂がある。システムトイレには、専用の猫砂を使用する。ペットシーツはトイレに使ったり、寝床に使ったり用途が広く、あると便利。

トイレ

排泄を覚えたての頃は料理用のバットで OK。100 円ショップなどで安く手に入る。

食器（手塩皿など）

離乳したての頃は手塩皿で代用 OK。猫用の食器なら浅いものがベスト。上手に食べられるようになったら少し深みのある食器に変えても（50 ページ）。

Ⓒ

キャリーケース

出し入れが楽で通気性に優れ、しっかり鍵のかかる安全なものを。通院で必ず使うので早めに用意して。

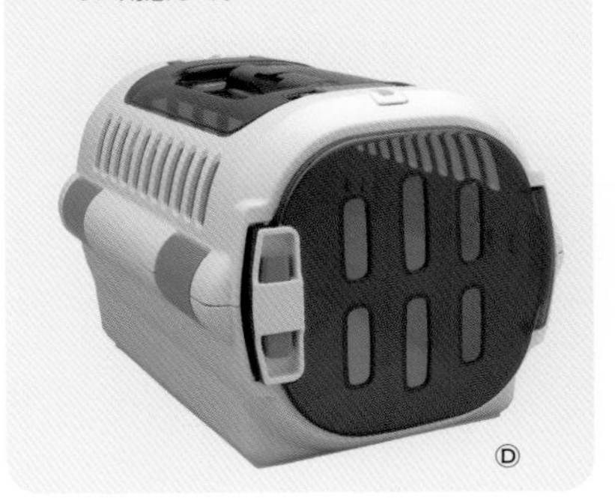

Ⓓ

成長とともに必要なもの

成長とともに必要なグッズが増えてきます。必ず用意するものと、あると便利だったり安心だったりするものに分けて考えて揃えるとよいでしょう。

必ず用意するもの

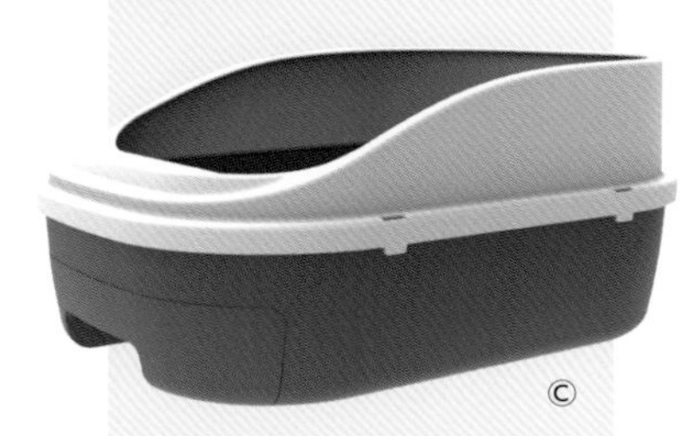

Ⓒ

猫が成長してもゆったり入れる大きさのトイレを用意。

フード

離乳後は子猫用フード（キトンフード）、1歳過ぎたら成猫用フードに切り替える。生後4カ月頃までは1日3、4回に分けて、それ以降は2、3回で。 Ⓐ

食器

広口で少し深みがあるものが食べやすい。高さのあるタイプは首が疲れにくい。フード用と飲水用を用意して。陶器やステンレス製が◎。

Ⓒ Ⓒ

爪とぎ

猫のストレス解消の必需品。子猫の頃から専用の爪とぎでとぐことを覚えさせると、家具や床を守ることにもつながる（詳しくは90ページ）。

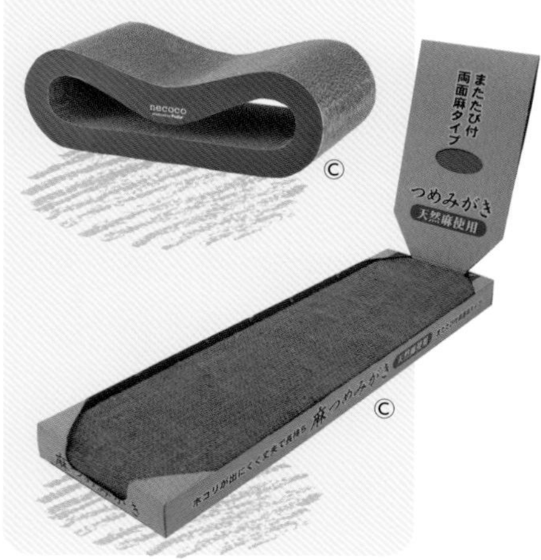

Ⓒ Ⓒ

※写真脇にアルファベットの付いた商品は、222ページに販売元を記載しています。

あると望ましいもの

キャットタワー

上下運動ができ、高いところでくつろげるキャットタワーはおすすめ。居住スペースに余裕があるなら、ぜひ検討を。

ベッド

猫はくつろげるスペースがあると安心する。市販の猫用ベッドやダンボール箱に敷物を敷いてもOK。

おもちゃ

猫は、動くものが大好き。猫じゃらし、ボールなど好みのおもちゃでたくさん遊んであげよう。ただし、うさぎの毛などで作られたおもちゃは興奮して食べてしまったり、口に入ってしまう小さなおもちゃは飲み込む危険があるので要注意。

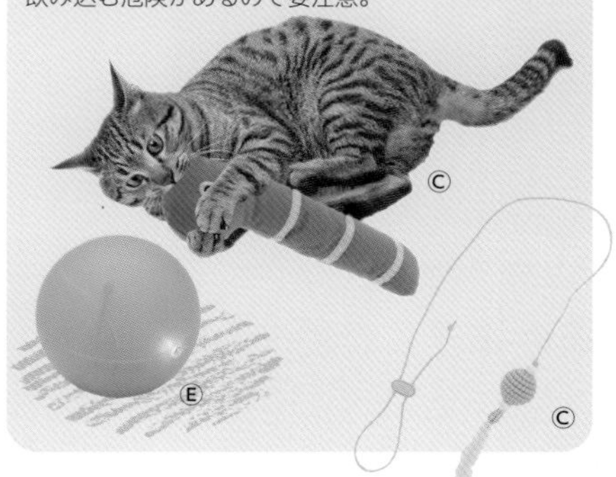

グルーミング用品

爪切り、ブラシなど。長毛と短毛では使うコームが異なる。爪は、自分で切れないときは動物病院にお願いして（詳しくは148ページ～）。

首輪

首輪をつける場合、子猫用の首輪で慣らし、成長したら成猫用に変更を。セーフティバックル付きの安全なものを選んで。

ケージ

病気療養時、災害時、新しい猫を迎えたときの隔離などに役立つ。住居スペースに余裕があれば、ふだんから置いて、自由に出入りできるようにしておくと慣れやすい。

子猫の育て方

親になった気持ちで大切に育てて

迎えた子猫が、自力で食事も排泄もできないくらい小さな場合、飼い主さんは母猫に代わって１日に何回も授乳と排泄の世話や寝床の温度管理をするなど、大忙しです。とても大変ですが、こうした世話は、より猫への愛情を深め、猫との信頼関係を深めます。

子猫にとって飼い主は「親」です。母猫になったつもりで慈しみながら、大切に育てましょう。

生後１ヵ月までの子猫の様子と世話

※体重には個体差があります。

生後1～7日目

- 体重130～250g
- ミルクは2～3時間おき、そのつど排泄させる
- 1日のうちほとんど寝ていて、ときどき「ミュー」と鳴くことも
- 保温して、体を冷やさないように

生後8～14日目

- 体重250～350g
- ミルクは3～4時間おき、そのつど排泄させる
- 目が開き、耳も聞こえるようになる
- ヨロヨロと歩き出す

生後15～21日目

- 体重350～400g
- ミルクは朝昼夕の1日3～4回。乳歯が見えたら少量の離乳食を与えて離乳の準備を
- 子猫用トイレを用意して、自力排泄の練習を始める(55ページ)

生後22日～1カ月

- 体重400～500g
- 乳歯が見えたら離乳食を（与え方は54ページ）。1日4～5回程度に分けて
- 「甘えたい」「楽しい」など、感情を表すようになりかわいさが増す
- 自分でトイレに行って排泄できるようになる

誕生〜生後1カ月 哺乳、排泄の世話が中心に

産まれて間もない子猫は、本来、母猫の体温で保温されていますが、その環境がない場合、人工的な保温、哺乳と排泄介助が必要です。獣医師による診察と飼育指導を受けながら、子猫の命を繋ぐことを最優先にした世話を。

保温の仕方

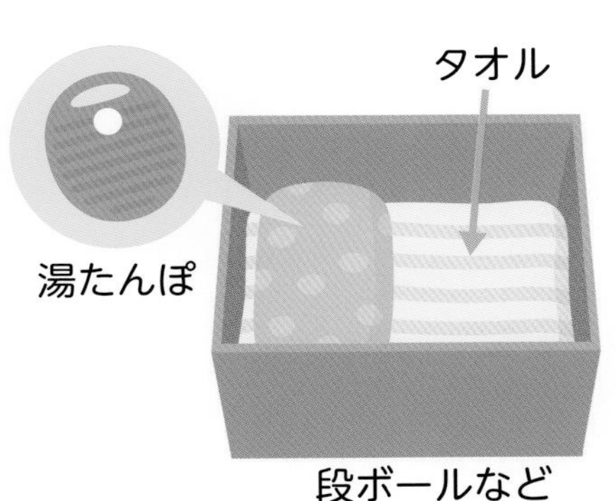

ある程度高さのあるダンボールにタオルやペットシーツを敷く。布に包んだ湯たんぽなどをどちらかに寄せて置き、猫が動けるスペースを確保する。

子猫用ミルクの与え方

38℃程度に湯せんで温めた猫用ミルクを与える。利き手の反対側の手で子猫の体を軽く押さえて、利き手で哺乳瓶を持ち、子猫の頭がやや上向きになるようにして乳首をくわえさせる。

排泄のさせ方

子猫の排泄は、本来は母猫が陰部を舐めて促す。母猫に代わって飼い主が行う場合は、ぬるま湯で湿らせたガーゼやティッシュで優しく陰部を刺激する。尿は刺激と同時にじわっとガーゼなどに染み、便は、刺激したあと数秒後にムニュっと出てくる。授乳前にさせると、ミルクの飲みがよくなることも。

生後1～2カ月 乳歯が見えたら離乳の練習を

離乳は、生後３～４週になり乳歯が見えたら始めます。最初は手塩皿などにミルクを入れて飲ませ、上手に飲めたら少しずつ離乳食やお湯でふやかした子猫用フード（キトンフード）をミルクに混ぜて、かたくしていきます。おおむね生後６～９週で離乳完了。離乳したての頃は、お皿に顔～上半身を入れて泳ぐように食べますが、だんだん上手になっていきます。毎食、離乳食で汚れるので、そのつど体を拭いてあげましょう。

ミルクから子猫用フードへの切り替え方

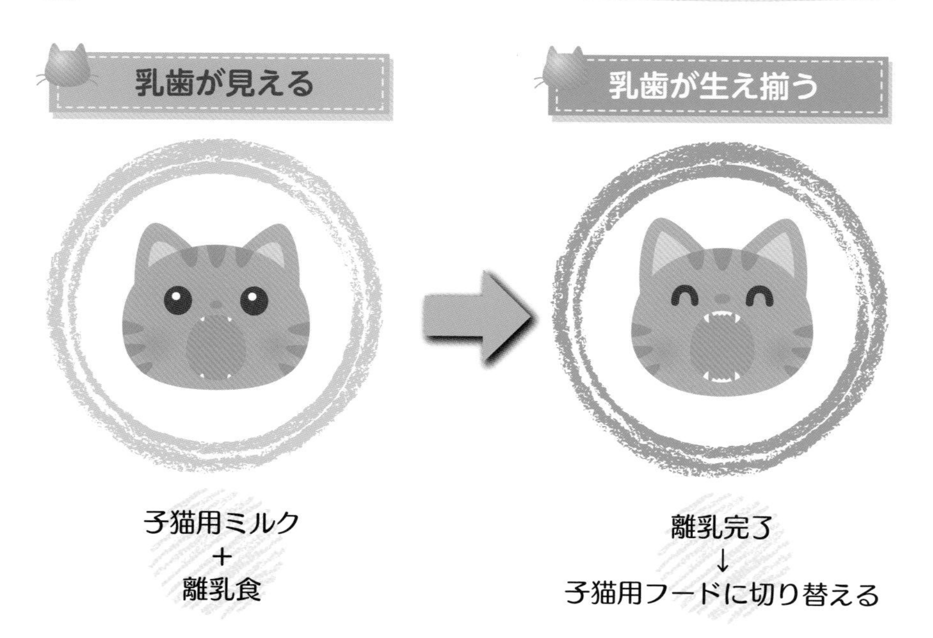

最初はミルク多めのペースト状でスタート。だんだんミルクを減らしてかたくして、最後は離乳食だけに。子猫用フードに切り替えたら忘れずに飲み水も用意して。

トイレトレーニング

生後３～４週頃になり自力排泄ができるようになったらスタート。子猫用トイレ（料理用バットでもOK）を用意して、子猫がソワソワ動きまわったり、クンクン床のにおいを嗅いだりしたら、そっとつかんでトイレに連れていきます。

あらかじめ子猫の尿が付着したティッシュやガーゼなどをトイレに置いてもよいでしょう。前足でガサガサ猫砂をかいて、おしりを固定し、排泄ができたらたくさんほめてあげましょう。成長とともにトイレのサイズも成猫用にアップしてください。

社会化を促す

大脳が発達する生後２～12週頃は、「社会化」（56ページ）のためにとても重要な時期。飼い主さんと猫が仲間として幸せに暮らすためにも、たくさん声をかけてスキンシップを。生後８週頃から食事と排泄は、おおむね自分でできるようになります。子猫用フードは、いろいろな味に慣らしてください。

Check!

子猫の体重の増え方

離乳までの子猫は、１日平均約10～15 gずつ体重が増加します。キッチン用のスケールで構いませんので毎日体重を測り、体重増加が進まないなら受診を。また、おなかがパンパンに張っているのに排便がなく、ミルクの飲み方が悪いようなら便秘の可能性があります。すぐに動物病院に相談してください。

※写真脇にアルファベットの付いた商品は、222ページに販売元を記載しています。

上手な子猫の慣らし方

ゆっくり新しい環境になじませて

子猫が新しい環境に慣れるには、自分のにおいが環境に浸透する３日～１週間程度かかります。猫が落ち着くまでは危険を回避しつつ、右ページの３つのことに気をつけてください。

なお生後２～12週頃は大切な社会化期。社会化とは、猫などの動物が仲間と仲良く暮らすためのコミュニケーション能力を身につける過程のことをいいます。

飼い主さんは母猫やきょうだいの代わりに遊んであげたり、スキンシップしたりしながら社会化を身につけさせてあげましょう。

子猫を迎えた日の過ごし方（例）

①子猫がやってくる

迎える前に、危険なものがないかチェック(詳しくは94ページ)。できれば午前中に迎え、目の届くところで猫の様子を観察しながら、静かに過ごします。ソワソワしたり、前足で砂をかくようなしぐさが見られたらトイレに連れていき、排泄する場所を教えましょう。

②自由に部屋を散策させて

新しい環境に来たばかりの子猫はあちこちのにおいを嗅ぎながら探索し、すき間を見つけて隠れてしまうこともあります。これは子猫が「ここが安心できる場所なのかどうか」を見極めるための行動です。隠れた場所が安全であれば、そっと見守ってあげましょう。

③自分のにおいのついたものがあると安心

慣れない場所に来たばかりのとき、少しでも自分のにおいがあると猫は安心します。譲渡元や販売元で使っていたタオルやペットシーツなどがあればもらっておいて、寝床などに置くとよいでしょう。

月齢に合ったフードとお水の用意も忘れずに！

子猫の慣らし方　3つのコツ

抱っこは無理強いしない

かわいさ余って、つい子猫を「ムギュ～」と抱きしめたくなりますが、子猫には苦痛です。子猫の頃の不快な経験がトラウマとして残り、抱っこを嫌がるようになることもあります。抱っこは無理強いしないで、子猫が自分からスリスリしてくるようになったら、顔や体を優しくなでて、慣れてきたらそっと抱っこして、「飼い主さんの抱っこは安心」ということを覚えてもらいましょう。

優しく声をかけて

猫の聴覚は人間の約４倍もありますので、大きな声や音には敏感です。優しく小さな声で呼んであげると安心します。

人の手や足で遊ばせない

子猫が慣れてきたら、猫じゃらしなどで遊ばせるのは、猫の狩猟本能を掻き立てストレス解消にもなり、とてもいいことです。ただし、人の手をヒラヒラさせたり、足にしがみついてきたところを振りまわすなどの遊びはNG。人の手や足を遊び道具と記憶して、成猫になっても続けることがあります。

注意!

子猫を踏みつけないように

子猫は、走りまわっていたかと思うと、電池が切れたように、突然その場でコテンと寝てしまったり、毛布やこたつ布団の中にもぐって寝たりしていることがよくあります。子猫が寝ていることに気が付かず、うっかり踏みつけてしまうと大変です。子猫が見あたらないときは探して、寝場所を確認してください。

成猫を迎えたときの慣らし方

時間をかけて、根気よく慣らして

「猫は子猫の頃から飼わないと慣れない」と思う方もいるかもしれませんが、そんなことはありません。成猫は別の環境で育った時間が長いため、確かに子猫に比べると新しい環境に慣れるまでに少し時間がかかるかもしれません。猫によっては環境の変化による不安や緊張から、威嚇してくることもあります。そんなときは「不安なんだな」と、必要最低限のお世話だけをして、見守ってあげましょう。

猫の不安や緊張を少しでも和らげるためにも、最初の頃はケージに入れ、ケージのまわりを布などで覆ってあげる配慮を。落ち着いて寝るようになったらケージの外から猫じゃらしなどのおもちゃで気を引いてみましょう。

初めの頃は、勢いよく「シャー」と威嚇していたのが、小さな声で「シャー」というようになったら少し慣れてきた証拠。様子を見ながら部屋に出して自由にさせてください。

譲渡元（販売元）に確認しておくこと

外猫を保護したなら別ですが、保護猫団体やブリーダーなどから猫を迎えるなら、譲渡元（販売元）にその猫の性格、食事の好みや健康状態などを細かく聞いて、今後の飼育に生かしましょう。

1 ワクチン接種歴など

ワクチン接種歴があるなら、いつごろかを確認し、ワクチン接種証明書をもらっておくとよいでしょう。他に、ウイルス検査の有無、使用した駆虫薬の種類や投薬時期なども確認しておきましょう。

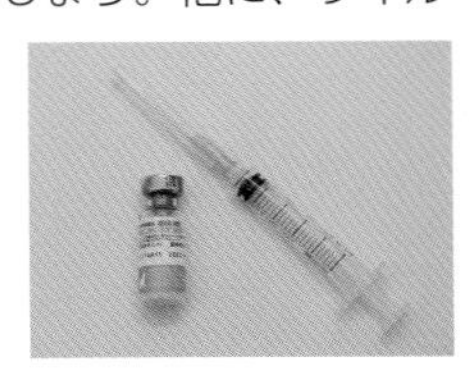

2 避妊・去勢手術

避妊・去勢手術の有無を確認し、未手術の場合、いつ頃受けたらよいか獣医師と相談します。女の子の保護猫では、それまでに避妊手術を受けたかどうかわからないこともあります。その場合は様子を見て、大声で鳴いたり、体をくねらせたり床にこすりつけたりするなど発情の気配があれば受診して、獣医師と相談の上手術の検討を。

3 性格

ちょっと気難しいところがある、ツンデレ、甘えん坊、神経質など、猫の性格を知っておくと、慣らすときの参考になります。

4 癖

ウールなどをかじる、飼い主さんの指や耳たぶを吸う、同居猫の耳を吸うなど。ウールなどをかじる場合、猫の届かないところに衣類などの布製品を収納するといった対策が必要になります。

5 食事の好み

それまで食べていたフードやおやつの好みなどを聞いておきます。

6 健康状態

過去に病気をしたことがある、下痢をしやすい、目やにが出やすい、など。ペットショップから購入するなら、発症しやすい遺伝性疾患についても確認しておきます。

先住猫がいる場合の慣らし方

お互いが存在を受け入れるまで、焦らないで

先住猫にとっては、自分だけのテリトリーに知らない猫が来るわけですから、最初は警戒して逃げたり「シャー！」「ウーッ！」などとうなり声をあげて威嚇することもあります。そうするうちに、猫によっては間もなく新入り猫を受け入れグルーミングしてあげたりする子もいれば、なかなかそうはいかない子もいます。でも、いつかはお互いの存在を受け入れて仲良くなり、ちょっと気の合わないところがあったりしても、つかず離れずで、それなりに平和に暮らせるものです。新しい猫を迎えても飼い主さんは焦らないで、慣れるためのフォローをしてあげてください。

先住猫と新入り猫が仲良くなるまでの3つのステップ

先住猫と新入り猫が仲良くなった成功例を参考にトライアルしてください。慣れさせるときに「ケージ」があると役立ちますので用意しておくとよいでしょう。

Check! 新入り猫の感染症のチェックを

新入り猫は必ず受診して便検査などを受け、何かしらの感染症があれば治療を受けます。治療中は、先住猫と接触させないように部屋を分け、飼い主さんは新入り猫の世話をしたら必ず手を洗い、感染予防に努めましょう。

ステップ1 新入り猫をケージに入れる

新入り猫と先住猫は別々の部屋にして、お互いの気配を感じる距離から、ドア越しに顔を合わせる、というふうに少しずつ接近させてください。様子を見ながら次は同室にして、新入り猫をケージに入れます。最初はお互いのにおいを嗅いだり「シャー」と威嚇したりしますが、だんだん相手の存在を受け入れるようになります。

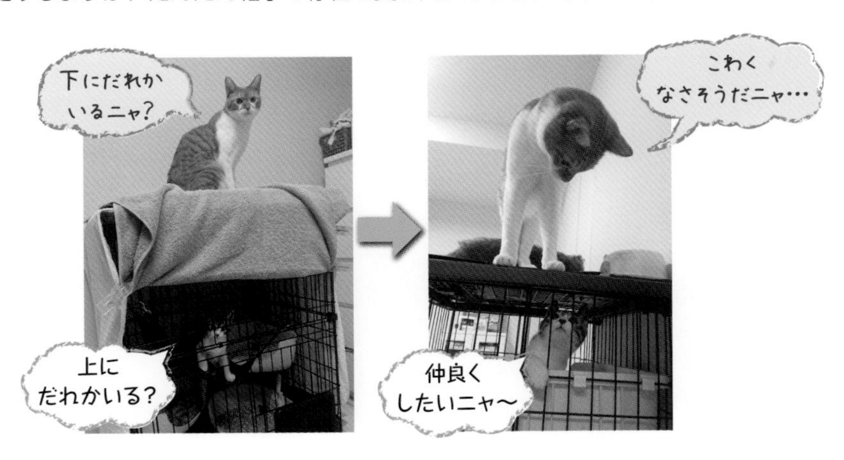

ステップ2 慣れてきたら新入り猫をケージから出す

先住猫と新入り猫を同じ部屋に放します。最初は距離があってもだんだん仲良くなり、隣同士に座ったり、くっついて寝るようになったら大成功。そこまで仲良くならなくても、同じ部屋の思い思いの場所でくつろぐようになればよいでしょう。

なんとなく距離がある

ただし、どちらかの猫の威嚇が続くようなら、ステップ1からやり直し、時間をかけてゆっくり慣らすようにしましょう。

乳幼児と猫が幸せに暮らすために

猫は家族であることを子どもに伝えて

小さなお子さんのいる家庭で猫を迎えたら、「猫も人間と同じようにおなかも空くし喉も乾く。トイレの掃除はできないので、猫に代わって掃除をしてあげよう」と、世話の大切さを教えながら、親子で世話をするようにしましょう。また、猫を思い、大切に育てる親の姿をいつも見ている子どもは、身をもって猫が大切な家族の一員であることを感じ、動物を慈しむ優しい気持ちが育ちます。

猫と子どもの、安全と幸せを考えて

猫と子どもが幸せに暮らすためには、衛生、安全、健康面で十分な配慮が必要です。新生児～乳児の頃、1歳以降の幼児など、子どもの年代によって気をつけることを知っておきましょう。

赤ちゃんのいる家庭

猫と赤ちゃんのふれあいは大人の目の届くところで

新生児の頃は、安全のためにも猫が赤ちゃんの部屋に入らないようにしてください。ハイハイや伝い歩きのできる赤ちゃんなら、猫と赤ちゃんだけで同じ部屋にいさせないようにしましょう。この頃の赤ちゃんは興味のあるものをつかんで口に入れることがあり、床に置いてあるキャットフードやトイレの猫砂も危険です。猫が食べ残したキャットフードはすぐに片付ける、赤ちゃんが猫のトイレに触れないように工夫する、トイレ掃除をまめにするなど、しっかり管理を。抜け毛はまめなブラッシングや掃除で減らしておくと、赤ちゃんが舐めたり、抜け毛が付着したりするのを減らせます。空気清浄機の使用もおすすめです。

猫と赤ちゃんのふれあいは、大人の目の届くところで。

抜け毛や猫砂の飛び散りを減らすためにもまめに掃除機をかけて。

幼児のいる家庭

「猫の嫌がることをしない」ルールを教えて

子どもが猫のシッポやヒゲを引っ張る、抱きしめて離さないなど、嫌なことをされると、猫は子どもに近寄らなくなったり、威嚇したり、猫パンチが出たり咬みつくこともあります。猫が嫌がることをしたらそのつど、「○○ちゃん（猫）は、そんなことをされたら痛いよ。嫌がっているからやめようね」と制し、猫との付き合い方のルールを教えてください。

猫の健康状態をチェックしよう

病気のサインを見逃さず、早めの受診を

迎えた猫が何かしらの病気を抱えている可能性もあります。保護猫の場合、ウイルス感染により風邪の症状を示していたり、ノミやダニが寄生したりしていることも。問題なのは、様々な病気のサインがあっても、それが病気のサインかどうか気づかず、受診が遅れてしまうことです。

右ページに、迎えたばかりの猫に見られがちな病気のサインを紹介しました（病気についてはPart7で解説）。

猫を迎えたら、飼い主さんが健康チェックをして、気になることがあれば迷わず動物病院を受診してください。動物病院の選び方とかかり方は、66ページで解説します。

体調不良を言葉に出して言えない猫に代わって飼い主さんが気がついて、治療に結びつけることが大切。

生後1～2カ月の子猫は特に気をつけて！

子猫は生後1カ月半ぐらいから、母猫からゆずり受けた移行抗体（免疫）が消失し始め、その後、ワクチン接種（72ページ）による免疫がしっかりつくまで感染症などにかかりやすくなります。抵抗力の弱い子猫の体調不良は、あっという間に急変し、命に関わることも。「元気がない」「くしゃみや鼻水が出ている」「下痢気味」など気になることがあればすみやかに受診してください。

こんなことありませんか？

猫を迎えた頃によくある症状と原因となる病気をあげてみました。これ以外にも原因が隠れていることもありますので、気になるときは必ず動物病院にかかるようにしましょう。

気になること
耳をかゆがり、黒い耳垢がある
▼
原因となる病気
耳ヒゼンダニ症

気になること
脱毛やフケ
▼
原因となる病気
皮膚糸状菌症

気になること
くしゃみ、鼻水、目やにがある。舌に潰瘍がある
▼
原因となる病気
猫カリシウイルス感染症、
猫ウイルス性鼻気管炎、
猫クラミジア感染症
など

気になること
下痢や血便
▼
原因となる病気
猫汎白血球減少症、
コクシジウム症など

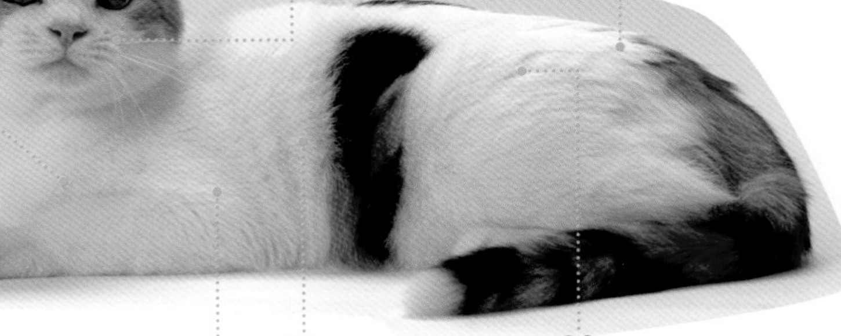

気になること
毛に白いものがついていて、つまんでもなかなか取れない
▼
原因となる病気
シラミの寄生

気になること
毛の間の黒いブツブツ
▼
原因となる病気
ノミの寄生

気になること
体を掻いてばかりいる
▼
原因となる病気
疥癬症、
ノミアレルギー性皮膚炎

動物病院に相談を！

動物病院の選び方とかかり方

猫に優しい動物病院が増えている

ワクチン接種、避妊・去勢手術、病気やケガの治療など、猫が生涯お世話になるのが動物病院です。以前は、猫と犬を混合診療している病院がほとんどでしたが、今は、待合室や診察室を猫と犬で分けたり、キャットアワー（猫専用の診療時間）を設けたりするなど、環境の変化や知らない人が苦手な猫の気質に配慮した動物病院が増えています。中には、猫だけを診療する猫専門病院もあります。

動物病院を選ぶときはホームページを見たり、口コミを参考にしたりしながら、通院しやすく、猫に優しく信頼できる動物病院を見つけるようにしましょう。

確認しておくとよいこと

動物病院にかかったら、次のことも確認しておくと安心です。

- 高度な治療が必要なときに高度医療機関（197ページ）とのパイプがあるか
- ペット保険の取り扱いがあるか
- 診療費の目安
- 時間外の診療体制や夜間動物病院との連携

動物病院を選ぶときの４つのポイント

猫に優しい

待合室や診察室が猫犬混合では、神経質な猫はドキドキしっぱなし。猫犬のエリア分けがなければ、キャットアワー（猫専用の診療時間）を設けているなど、猫への配慮がある動物病院がベター。スタッフや獣医師が猫好き、というのも大切なポイント。

院内が清潔

多少の抜け毛は仕方ないにしても、待合室や診療室がこまめに掃除されているかどうかは大事なチェックポイント。不潔なところは、猫が入院したときの衛生管理、手術や処置の消毒などにも疑問符がついてしまいます。

獣医師の診察や説明が丁寧

猫の育て方や生活上のアドバイスを丁寧にしてくれたり、飼い主の話をよく聞いて、必要な検査や治療についてわかりやすく説明してくれたりするなら◎。

通院しやすい

すぐに連れていける距離に動物病院があると、何かあったときにすぐに受診できて安心です。

スムーズに受診するために

環境の変化が苦手な猫にとって動物病院の受診はストレスです。でも、だからといって猫の体調が悪いときや、ワクチン接種の時期なのに受診しないのは問題です。キャリーケースにブランケットなどをかけて外が見えないようにするなど、猫のストレスに配慮した工夫をしながら、受診してください。受診の際には、いつごろからどんな症状なのか、食欲や排泄状況など、気になることを簡単にメモしておくとよいでしょう。

通院に適したキャリーケース

通院に必須なキャリーケース。下は猫も飼い主さんも獣医師も安心できるキャリーケースの例です。待合室では猫をキャリーから出さないようにしましょう。

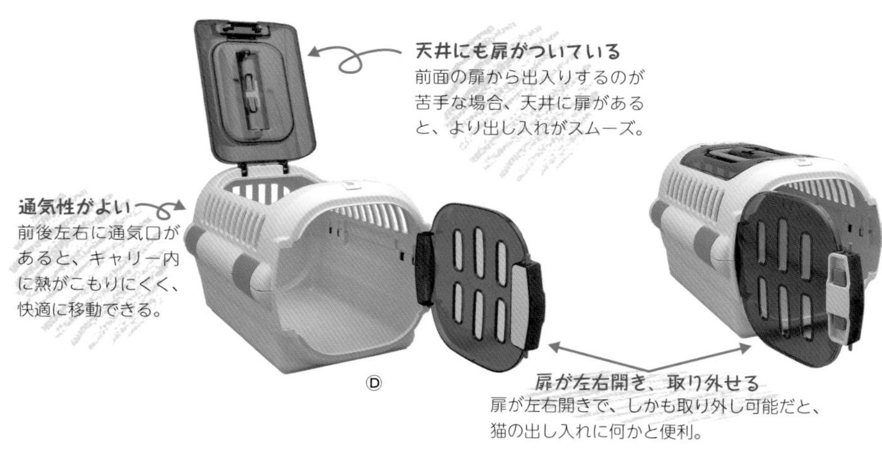

天井にも扉がついている
前面の扉から出入りするのが苦手な場合、天井に扉があると、より出し入れがスムーズ。

通気性がよい
前後左右に通気口があると、キャリー内に熱がこもりにくく、快適に移動できる。

Ⓓ

扉が左右開き、取り外せる
扉が左右開きで、しかも取り外し可能だと、猫の出し入れに何かと便利。

タオルやブランケットで目隠しを

猫の不安を軽くするために、動物病院の待合室ではキャリーケースにタオルやブランケットをかけて目隠しを。持参してもいいですし、待合室に目隠し用のタオルなどを用意している動物病院もあります。

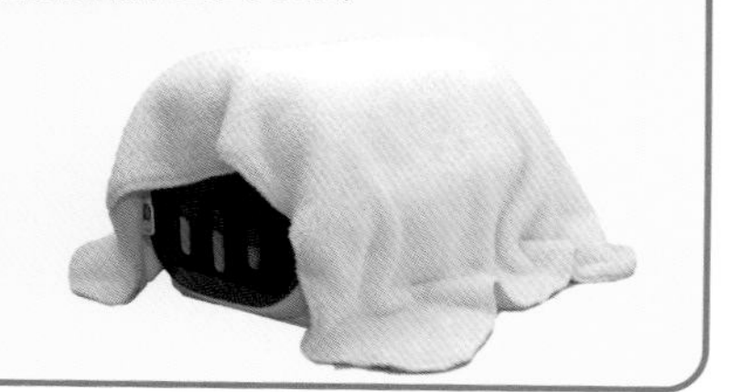

キャリーケースの扉はしっかり鍵をかけて

扉の開閉時は、鍵がしっかり閉まっているかどうか確認してから移動してください。うっかり鍵が開いたままでは、移動中に猫が飛び出してしまう危険があります。

※写真脇にアルファベットの付いた商品は、222ページに販売元を記載しています。

Check! 徒歩で通院するときは…

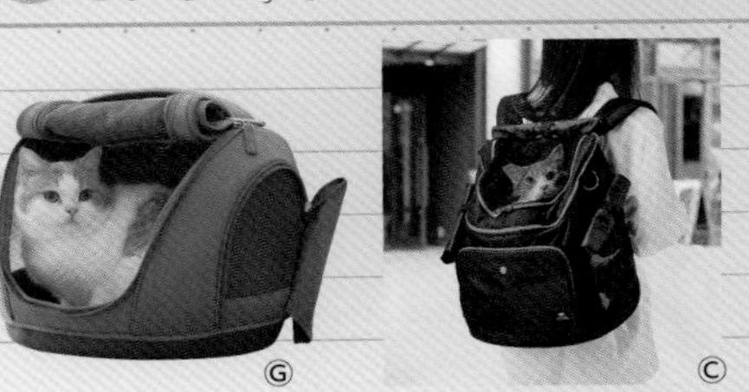

徒歩や自転車で通院するなら、リュックのように背中に背負えるキャリーケースがベスト。キャリーを背負う前に、ファスナーが完全にしまっているかどうか、必ず確認してください。

初めての受診の流れ

事前に動物病院に電話して、予約制かフリーで受診できるか確認を。いつからどんな症状が気になるのかを整理して、例えば便の状態が気になるなら便を持参し、受診時に獣医師に見せるとよいでしょう。

1 問診票に記入

動物病院のホームページから問診票がダウンロードできるなら、自宅で書いて、持っていくとスムーズです。

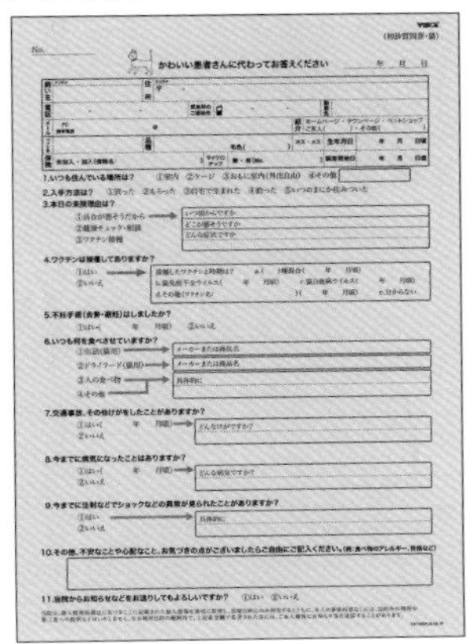

No.

かわいい患者さんに代わってお答えください　年　月　日

1.いつも住んでいる場所は？

2.入手方法は？

3.本日の来院理由は？
いつ頃からですか
どこが悪そうですか
どんな症状ですか

4.ワクチンは接種してありますか？
①はい
②いいえ
e.分からない

5.不妊手術(去勢・避妊)はしましたか？
①はい(　年　月頃)　②いいえ

6.いつも何を食べさせていますか？
メーカーまたは商品名
メーカーまたは商品名
③人の食べ物
④その他

7.交通事故、その他けがをしたことがありますか？
①はい(　年　月頃)
②いいえ
どんなけがですか？

8.今までに病気になったことはありますか？
①はい(　年　月頃)
②いいえ
どんな病気ですか？

9.今までに注射などでショックなどの異常が見られたことがありますか？
①はい
②いいえ

10.その他、不安なことや心配なこと、お気づきの点がございましたらご自由にご記入ください。

11.当院からお知らせなどをお送りしてもよろしいですか？　①はい　②いいえ

2 診察

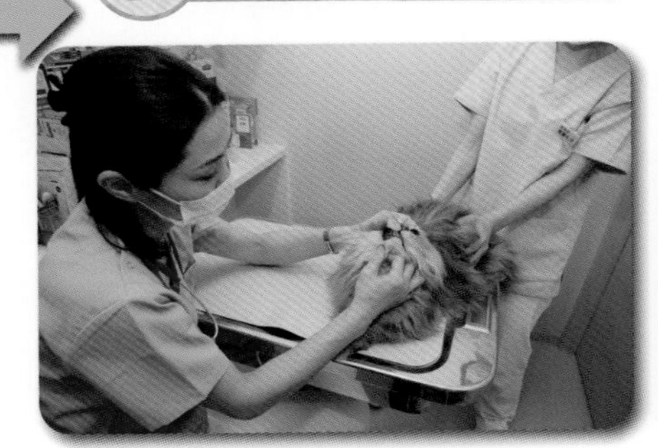

飼い主さんの話を聞きながら診察を進めます。必要に応じて検査をしたり、飲み薬やぬり薬を処方されることがあります。

緊張のあまり、帰宅後しばらくは興奮していることも。飼い主さんが触ろうとすると「シャー」と怒ったりすることもありますが、落ち着くまでそっとしておいて。必要な投薬があるなら指示通り飲ませます（薬の飲ませ方は 70 ページ）。

コツをつかんで上手に投薬を

初めての投薬は、動物病院で指導を受けて

猫が病気やケガをしたとき、動物病院で薬を処方されることがあります。初めて投薬するときは、必ず動物病院で正しい飲ませ方を教えてもらいましょう。投薬は、コツをつかめば、そう難しくはありません。それでも「うまく飲ませられない」という場合は、投薬用のトリーツや投薬棒を利用してもよいでしょう（78 ページ）。恐る恐る飲ませようとすると、飼い主さんの緊張が猫に伝わり、猫も緊張してしまいます。お互いにリラックスするためにも、優しく声をかけたり、頭や体をなでてから始めるようにしましょう。

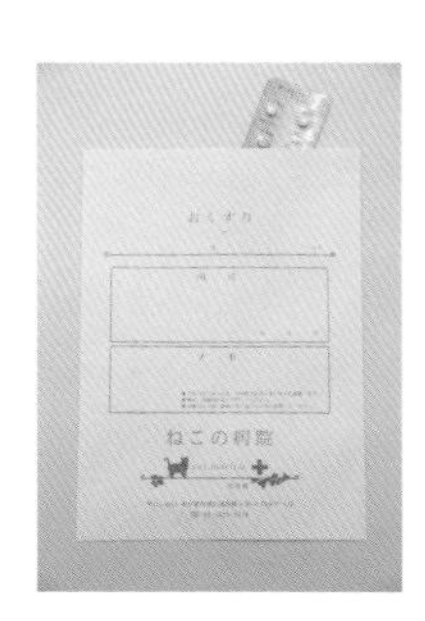

目薬のさし方

目薬をさすときは、頭をしっかり固定して、目薬の先端が眼球にあたらないように注意しましょう。自己判断で人間用の目薬をささないように。

目薬は、前からでも後ろからでもいいが、後ろからさしたほうが、猫の恐怖心が薄れることが多い。点眼したらそのまま数秒間、上を向かせて薬液をなじませる。あふれた薬液はティッシュで軽く押さえる。

錠剤の飲ませ方

手際とスピードが勝負。錠剤はすぐ近くに置いておくか、手で持っていてもかまいません。

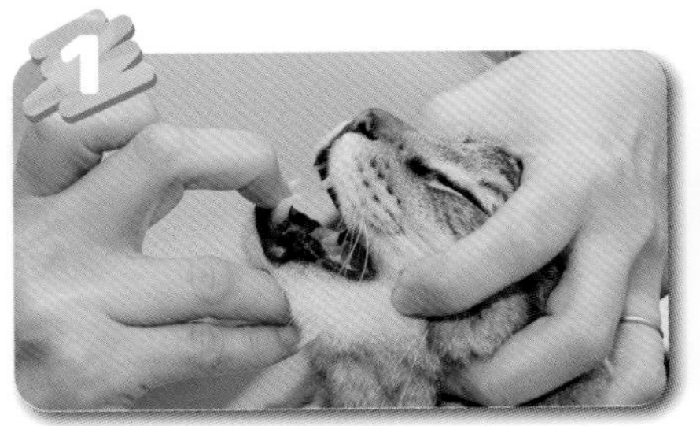

利き手の反対の手で頭をしっかりつかみ、顔を少し上に向けて固定。利き手の中指を下あごの真ん中あたりにあてる。

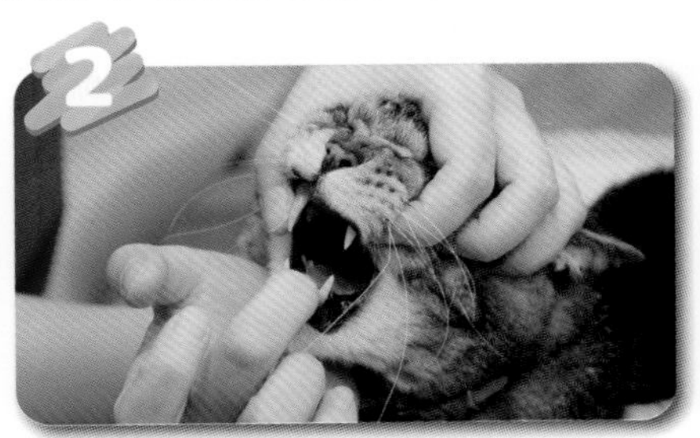

下あごをぐっと下げる。

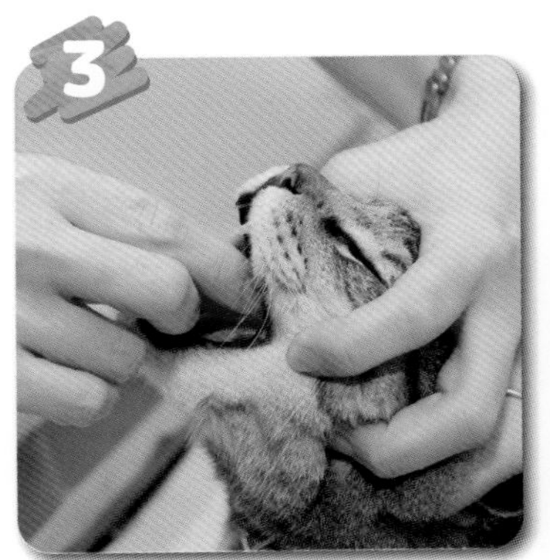

下あごが下がったら、素早く錠剤を喉の奥のほうに向けて入れる。

狙う場所は喉の奥。舌の上に乗せないように。

口を閉じたら、喉のあたりをなでる。

粉薬

粉薬は少量のウェットフードに混ぜるか、水に溶かして飲ませます。水に溶かす場合、シリンジ（使い捨ての注射器）やスポイトなどを使いますが、これらは薬と一緒に動物病院で渡されることが多いです。飲ませるときは、犬歯と奥歯の間からゆっくり流し込んでください。勢いよく飲ませると誤嚥させてしまうことがあります。

ワクチン接種で感染症を予防する

初回は生後2～3月を目安に2回接種を

ワクチンは猫を感染症から守るためのもの。完全室内飼いなら「3種混合ワクチン」(コアワクチン)の接種が一般的で、「猫ウイルス性鼻気管炎」「猫カリシウイルス感染症」「猫汎白血球減少症」を予防したり、発症しても重症化を防いだりします。

初回のワクチン接種は生後2～3カ月頃で、3～4週間の間隔で2回接種します。翌年からの接種頻度は一般的に年1回です。なお、ペットショップやブリーダーから迎える猫は、早めに初回接種を受けていることもあり、その場合、合計3回接種することもあります。

また、飼い主さんの中には、ワクチンによる副作用を心配される方もいますが、副作用のリスクはごくまれで、接種せずに感染症にかかるリスクのほうがはるかに高いといえます。猫を怖い感染症から守るためにも、ワクチンは必ず接種するようにしましょう。

ワクチンの時期を知らせるハガキ

ワクチン接種のお知らせハガキを送っている動物病院も多い。ハガキが来たら「そろそろだな」と思い出して。

Check! 完全室内飼いでもワクチンは必要?

飼い主さんが外から感染症ウイルスを持ち帰ることもありますし、災害など不測の事態で外に出たときに、感染症の猛威にさらされることもあります。また病気やケガで動物病院に入院しなければならない場合、ワクチン未接種では入院させられないこともありますし、ペットホテルの利用もできません。あわてて接種しても体内に抗体ができるまでに2週間程度かかりますので、様々なことを考慮して、定期的なワクチン接種は必要です。

ワクチンで防げる感染症

病気の詳しい解説は 174 〜 176 ページ。

3 種混合ワクチン

猫ウイルス性鼻気管炎

「猫風邪」と呼ばれる感染症。くしゃみ、鼻水、目やに、結膜炎などが見られる。肺炎など、重症化することもある。

猫カリシウイルス感染症

猫風邪に似た症状があり、口の中に潰瘍を形成し、飲食できなくなることもある。

猫汎白血球減少症

感染力が強く、下痢や嘔吐などの症状が強く発現し、子猫の致死率は高い。

3 種混合以外のワクチン

例えば「同居猫が猫白血病に感染している」という場合、4 種混合ワクチンにするなど、猫の生活環境によって選択されることもある。

4 種混合ワクチン

3 種混合ワクチンに「猫白血病ウイルス感染症」を追加したもの。

5 種混合ワクチン

4 種混合ワクチンに「猫クラミジア感染症」を追加したもの。

単独ワクチン

猫免疫不全ウイルス感染症（猫エイズ）
発症すると口内炎、発熱、下痢など様々な症状が見られる。感染していても発症しない猫もいる。

ワクチン証明書はなくさないで

接種後に渡されるワクチン証明書は、ペット保険に加入するときや、入院するとき、ペットホテルを利用するときに必要になることもあります。なくさないように大切に保管を。

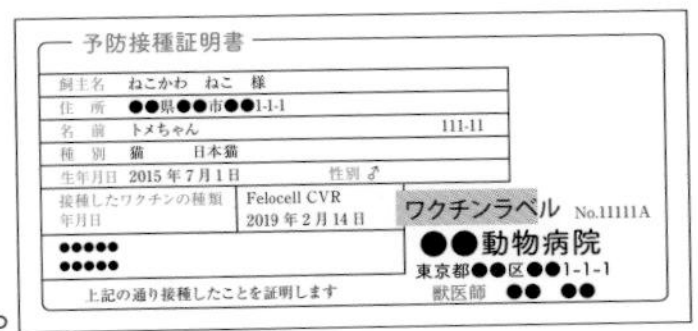

予防接種証明書

飼主名	ねこかわ　ねこ　様
住　所	●●県●●市●●1-1-1
名　前	トメちゃん　111-11
種　別	猫　日本猫
生年月日	2015 年 7 月 1 日　性別 ♂
接種したワクチンの種類 年月日	Felocell CVR 2019 年 2 月 14 日

ワクチンラベル No.11111A

●●●●●
●●●●●

上記の通り接種したことを証明します

●●動物病院
東京都●●区●●1-1-1
獣医師　●●　●●

避妊・去勢手術の時期と受け方

生後半年を目安に避妊・去勢手術の検討を

猫は、避妊・去勢手術を受けずに性成熟期を迎えると、男の子は女の子を求めて大声で鳴いたり、部屋のあちこちに尿をふりかけるスプレー（143ページ）をしたりします。女の子も発情すると大声で鳴いたり、体をのけぞる動きをしたり、トイレ以外の場所で排尿したりすることもあります。室内飼いの猫は、発情期に本能を発揮できないだけでもストレスですし、様々な問題行動に直面する飼い主さんも大変です。

猫を増やす予定がなければ、生後半年を目安に避妊・去勢手術を受けましょう。

発情したときの猫の行動は生理的なもので、意図的なものではない。猫と飼い主さんの幸せのためにも避妊・去勢手術を。

手術の内容

女の子

下腹部を開いて卵巣だけ、あるいは卵巣と子宮の両方を摘出する。卵巣のみ摘出のほうが傷は小さくなるが、どちらにするかは獣医師と要相談。

男の子

陰のうを切開して、睾丸（精巣）を取り出す。

避妊・去勢手術後の変化

- 男の子はスプレーが抑えられる（ただし、発情を経験したあとに手術を受けた場合、習慣として残ってしまうことも）
- 発情により、交尾相手の猫を求めて脱走するリスクが激減する
- 男の子は攻撃性が抑えられ、穏やかな性格が継続しやすい
- 男の子も女の子も、性ホルモンに関与する病気が予防できる

手術費用

女の子…３～７万円
男の子…２～５万円

※猫の避妊・去勢手術の助成金がある自治体もありますので、お住まいの自治体のホームページで確認を。

発情が原因で外に出ると

猫が外の異性猫を求めて外に出ると、男の子はケンカで大ケガをしたり、咬まれた傷から猫免疫不全ウイルス感染症（猫エイズ）に感染してしまうこともあります。女の子は妊娠の危険もあります。発情期を迎える前に避妊・去勢手術を受けておくとこうしたリスクも防げます。

手術の流れと術後の過ごさせ方

「浅草橋 ねこの病院」(東京都台東区)の例を参考に、避妊・去勢手術の術前から術後のスケジュールを見てみましょう。

1 術前の受診

- 手術の事前説明を受け、手術の日時が決まったら予約を入れる。手術同意書を渡されたら記入を。

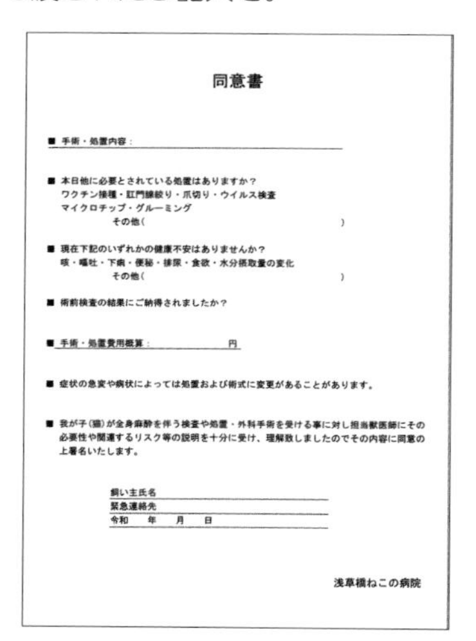

同意書

■ 手術・処置内容：

■ 本日他に必要とされている処置はありますか？
ワクチン接種・肛門腺絞り・爪切り・ウイルス検査
マイクロチップ・グルーミング
その他（　　　　　　　　　　　　）

■ 現在下記のいずれかの健康不安はありませんか？
咳・嘔吐・下痢・便秘・排尿・食欲・水分摂取量の変化
その他（　　　　　　　　　　　　）

■ 術前検査の結果にご納得されましたか？

■ 手術・処置費用概算：　　　　　円

■ 症状の急変や病状によっては処置および術式に変更があることがあります。

■ 我が子（猫）が全身麻酔を伴う検査や処置・外科手術を受ける事に対し担当獣医師にその必要性や関連するリスク等の説明を十分に受け、理解致しましたのでその内容に同意の上署名いたします。

飼い主氏名
緊急連絡先
令和　年　月　日

浅草橋ねこの病院

獣医師から手術の方法や麻酔のリスクなどの説明を受けて納得したら、サインと捺印を。動物病院によっては手術当日に渡され、その場で記入することも。

2 手術前日

- 食事は 21 時までに済ませる。
- 21 時以降は絶飲絶食。

3 手術当日

- 食事、お水は与えない（麻酔をしたときに嘔吐した場合、吐物が喉に詰まる危険があるため）。

4 指定された時間に来院

- 血液検査・胸部レントゲン検査などの術前検査を受けて、異常がなければそのままお預かり。

5 麻酔〜手術

- 鎮静剤を注射後、ぼんやりしてきたら麻酔薬を注射し、ガス麻酔をかけて麻酔を維持。点滴しながら手術を進める。女の子は手術部を縫合し、1 週間後に抜糸。男の子は溶ける糸で縫合するので抜糸は不要。

6 手術終了〜麻酔が覚醒〜安静

- 麻酔覚醒後は、入院室でしばらく安静にしてもらう。手術当日は絶食で、食事は翌日の朝から。

7 お迎え → 8 帰宅

7 お迎え

- 指定した時間にお迎え(動物病院によっては、1泊〜2泊程度入院することも)。
- 24時間効果のある消炎鎮痛薬を注射。
- 避妊・去勢後のフードサンプルをもらう。手術当日は、食事を与えない。
- 女の子はおなかの縫合部を舐めないようにエリザベスカラーを装着。カラーが苦手な子は、術後服を着用。男の子はどちらも不要。

8 帰宅

- 処方された抗菌薬を女の子は5日間、男の子は3日間内服(薬の飲ませ方は70ページ)。
- 女の子は抜糸まで術後服(またはカラー)を身につけたまま過ごす。

術後服

おなかの手術後、傷を舐めないようにしたり、傷やその周囲を保護したりするためのウェア(男女兼用)。

※男の子の去勢手術には不向きです。

手術すんだよ〜!!

おうちに帰る!

手術後に心配なことがあったら、動物病院に連絡してね!

Check!

避妊・去勢手術後の食事

手術後はホルモンバランスの変化などにより、太りやすくなります。避妊・去勢手術後の体重増加に配慮したフードがありますので、切り替えるとよいでしょう。それでも肥満気味になるようなら、減量食や少量でも満腹感を与えるフードを検討しましょう。

※写真脇にアルファベットの付いた商品は、222ページに販売元を記載しています。

猫なんでもQ&A

Q 何度試しても、錠剤を吐き出してしまいます

A　薬を飲ませようとしても、「錠剤が舌の上に乗ってしまい、ブクブクと泡を吹いたようになる」「飲ませたつもりなのに吐き出して床に落ちている」など、家庭でうまく飲ませられないことがあります。猫の投薬は、多くの場合コツをつかめばできるようになりますが、中には「どうしても無理」ということもあります。これは飼い主さんが悪いのでも、猫が悪いのでもありません。そんなときは無理しないで、投薬用トリーツ（お薬を飲ませるためのおやつ）を利用するなど別の方法を考えましょう。投薬用トリーツでも吐き出してしまうなら、動物病院によっては「投薬棒」（薬を飲ませる専用の器具）を検討することがあります。また病気によっては、一度打てば2週間程度効果が持続できる注射もあり、内服薬を選択しないことも可能です。問題なのは、「うまく飲ませられないから」と自己判断で中止すること。猫が薬を飲んでくれないことには病気の治癒は望めませんので、投薬できないときは必ず獣医師に相談を。

Ⓙ

投薬用トリーツは、動物病院で処方してもらったものが安心。

※写真脇にアルファベットの付いた商品は、222ページに販売元を記載しています。

Q

来客があると、隠れて出てきません。慣れさせるにはどうしたらいい？

「来客があると、隠れて絶対に出てこない」という猫もいれば「女性なら出てくるが、男性は絶対にダメ」「来客は全く気にしない」など、家族以外の人に対する猫の反応は様々です。もともと猫はなわばり意識が強く、自分や飼い主さん以外のにおいや音にも敏感ですから、「飼い主さん以外の人は苦手だなぁ」という子が多いのかもしれません。

でも、あまり極端に外の人を嫌がるようでは、何かしらの理由で飼い主さん以外の人に世話をしてもらわなければいけないときに苦労します。よい方法としては、生後２～12 週頃の「社会化期」に、なるべく多くの人に猫をかわいがってもらうこと。この頃に人とのふれあいが心地よいことを学習すれば、人に慣れやすくなります。

ただ個体差はありますので「どうしても飼い主さん以外の人は苦手」という子なら、来客には小さな声で話してもらう、猫をそっとしてもらうなどの配慮を。そうしているうちに「来客があってしばらくすると、ひょっこり顔を出す」など、猫のほうが柔軟に態度を変えることもあります。

Q

病院が苦手でキャリーケースに入らず、受診がひと苦労です

嫌がりながらも、なんとか捕まえてキャリーケースに入れられればよいですが、中にはキャリーケースを見ただけでどこかに隠れてしまう神経質な子もいます。その場合、受診日の前日からすぐに取り出せるところにケースを置いて、扉を開けておきます。

動物病院に連れていく時間になったら、タイミングを見て猫を大きめのバスタオルで包み、そのままケースへ入れます。バスタオルの代わりに洗濯ネットに入れる方法もありますが、猫が暴れて、洗濯ネットを引きちぎってしまうこともありますので注意しましょう。また爪が伸びているとキャリーケースの中で暴れて、爪が抜けてケガをすることがあります。日頃から爪は短く切っておきましょう。体の不調で受診しなければならないのに「キャリーケースに入らないから受診できない」というのは回避しなければなりません。バスタオルに包んだりするのは心が痛くなるかもしれませんが、そこは「猫のため」と割り切って、受診につなげてください。

Q

旅行に行くとき、猫の世話はどうすればいいですか？

A

1匹飼いで1泊旅行なら、エアコンなどで適切な室温にし、自動給餌器（時間になるとフードが出てくる機器）と、数カ所に分けて十分な飲み水を用意し、トイレを増やして一つが汚れてもきれいなトイレに入れるようにすれば、さほど大きな問題はないでしょう。多頭飼いや、2泊以上留守にするならキャットシッターを頼んで、朝夕の2回程度、猫の世話に来てもらいます。初めてシッターを頼むときは、猫に詳しく経験豊富で信頼できる人を選んでください。よいシッターさんは、猫が隠れても猫じゃらしなどで興味を引いて様子を観察したり、トイレの回数や食事の様子などを細かくレポートにまとめたりして、安心できるシッティングをしてくれます。スマホで写真を撮って、飼い主さんに送信してくれる人もいるようです。

友人や親せきなどに頼むなら、猫がその人に慣れていて、猫の扱いに慣れていることが条件です。トイレ掃除、給餌、飲水交換だけやって、猫の様子を見なかったら、飼い主さんが帰宅したときに猫が体調を崩していたということもあります。よいシッターさんが見つからないなど人の手配ができないなら、動物病院やペットショップ併設のホテルに預ける方法もあります。

Column

マイクロチップとは？

マイクロチップとは、猫や犬の個体を識別するための情報が含まれたカプセルを体に埋め込む電子タグのこと。万が一猫や犬が行方不明になったとき、動物と飼い主さんとをつなぐためのものです。

方法は、動物病院で猫の体内に直径２mm、長さ８～13㎜の円筒の電子標識器具を埋め込み、「動物ID管理普及推進会議（AIPO）」に登録。迷子になった猫や犬が動物愛護センターや動物病院などに保護されると、そこで個体識別番号を読み取り、AIPOの登録データに照合し、飼い主さんに連絡されます。

チップの埋め込み費用は3000円程度。チップ装着を推進している自治体では補助が出たり、無料のところもあります（AIPOへの登録料として別途費用がかかります）。ただし、マイクロチップが役に立つのは、運よく猫が保護され、動物愛護センターなどの個体識別で飼い主さんとつながったときだけです。誰にも保護されずにさまよったり、誰かに保護されてそのまま飼われてしまったりすることもあります。マイクロチップも必要ですが、やはりいちばん大切なのは、猫を外に出さないことです。なお、45ページで、販売される犬猫のマイクロチップ義務化について解説しています。

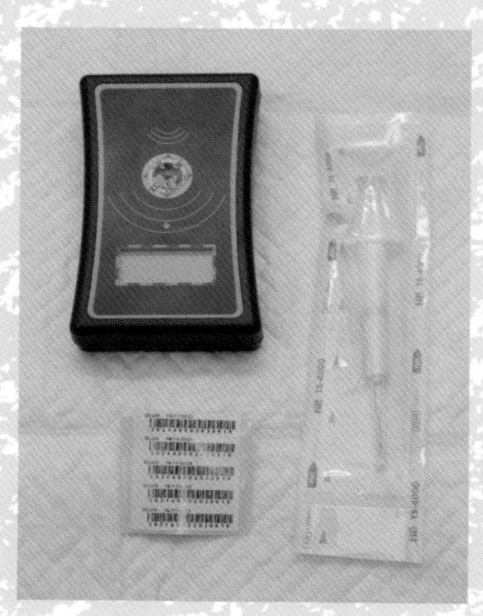

右がチップの注入器、左が読み取りリーダー。リーダーを動物の体にかざすと個体番号が読み取れる。マイクロチップを希望するときは、まずはかかりつけの動物病院に相談を。

Part 3
猫が幸せな住環境

猫と飼い主が心地よく、快適な空間とは？

危険を排除した空間で、猫をゆっくり慣らして

初めて猫を迎えるときはフード、食器、トイレ用品、グルーミング用品など、猫の身のまわりのものの用意や健康管理で手いっぱい。「猫が快適に暮らせる生活空間をどうするか？」というところまで、なかなか考えが及ばないかもしれません。子猫を迎えたら、まずは猫を危険から守る空間づくり（94ページ）を実践し、猫がソファーや棚などにジャンプできるようになるまでに踏み台の場所を検討したり、安全なキャットタワーを用意したりしましょう。なお、室内には猫が安心して落ち着ける「快適ポイント」（下記）があり、知っておくと猫が安全・快適に過ごせる空間づくりに役立ちます。

猫の快適ポイント

猫と飼い主さんが幸せに暮らせる空間作りのためにも、室内の「猫の快適ポイント」を押さえておくとよいでしょう。

人の背丈ぐらいの高さで、部屋が見渡せる

猫は床から人を見上げるよりも、人の顔～頭より少し高い位置から部屋全体を見渡したり、飼い主さんとふれあうのを好みます。部屋の中にそんな場所を用意してあげましょう。

point 2 外が眺められる

風にそよぐ木の葉、庭やベランダに遊びにくる鳥など、外の世界は猫の狩猟本能や好奇心を掻き立てます。また、窓を開けて猫に外の香りを嗅がせることも大切です。猫が外を眺める窓は、必ず網戸とセットで（網戸の安全対策は95ページ）。

point 3 飼い主さんとふれあえる❶

猫同士が鼻と鼻を合わせたり、顔を近づけてあいさつするように、猫は飼い主さんとのコミュニケーションも顔の近くを好みます。ソファーの背もたれやひじ掛け、飼い主さんの肩ぐらいの高さの棚などは、人と猫のコミュニケーションスポットです。

point 4 飼い主さんとふれあえる❷

リビングルームのドアの横など、人の動きのあるところも、猫と飼い主さんがふれあいやすい場所。飼い主さんの肘より上（神経質な子は肩より上）の高さの棚やキャットステップがあれば、出入り時に猫をなでたり声をかけたりできます。また、猫はここに座って自分のテリトリーに誰が入ってくるのかチェックもできます。

point 5 縦にも横にも安全に動ける

猫が高いところを好む理由は、相手よりも高い位置にいることで自分のいる空間の全体を把握しやすかったり、知らない人が来たときに少し高い位置にいると安心できたり、怖ければすぐに逃げられたりするためです。そんな猫の気持ちを理解して、左の絵のように、高いところと床を安全に上り下りできる工夫と、高いところで安全に歩行できる工夫を。

家具を利用して猫好みの部屋に

家具の配置の工夫で、猫が安全に移動できる空間を

「猫が退屈しないように」と、猫を迎えて早々にキャットウォークやステップ（造り付けの猫専用通路や階段）を検討する方がいますが、ちょっと待って。やみくもに取り付けても、「猫が興味を示さない」「上り下りが危なっかしい」など、あとで後悔することがあります。まずは前項で紹介した「猫の快適ポイント」を参考にしながら、今ある家具をキャットウォークやステップに見立てた配置換えをやってみましょう。例えば「床からソファー、ソファーから棚にジャンプ、棚から踏み台を経由して床に着地」というような動線ができれば、猫は安心して動きまわれます（配置換えの例は88ページ）。

こんな家具を利用して

ソファー

飼い主さんとコミュニケーションがとりやすい他、床と高所の上り下りの拠点になるなど、メリットがいっぱい。

棚

例えば本棚なら、天板の上、並んだ本の手前の部分が猫の通路になることも。棚の一段を猫のために開放したり、天板に上る踏み台にキャットタワーやカラーボックスなどを置いてあげましょう。

家具を利用するときのポイント

本棚やラックの上など、猫は高いところに行きたがります。高所を猫の居場所の一つと考えたとき、必要になるのが、安全に上り下りするための「昇降路」です。

左下の絵のように昇降路が片側しかない配置では、猫を２匹以上飼っている場合、猫同士の追いかけっこで１匹が追い詰められたとき、パニックになり、高所から床に転落してしまう危険があります。今は多頭飼育でなくても、将来「もう１匹」という可能性もありますので、必ず右下の絵のように上り下りするところにカラーボックスやキャットタワーなどを置いて、両側に昇降路を作りましょう。

片側だけの昇降路で、行き止まりは危険。

両側に上り下りできる通路があるのが基本。

Check! 安全なキャットタワーを設置して

キャットタワーは、猫が上下に行き来したり、別の場所にジャンプするときの踏み台にしたり、くつろいだりできる便利なアイテムです。安定感があり、座面と座面の間が 30 ～ 40㎝程度あるものなら、猫が「トン、トン、トン」と安全、確実に上り下りできます。床から最上階までの高さは人の肩～頭くらいのものがよいでしょう。座面が狭かったり座面と座面が離れすぎていたりすると転落する危険があります。

Ⓜ

※写真脇にアルファベットの付いた商品は、222 ページに販売元を記載しています。

猫も飼い主も快適な部屋の例

以下は一つの例ですが、「猫の快適ポイント」を考えたレイアウトです。「猫が安全に動きまわれること」「お楽しみがあること」などがポイントです。

段々に上り下りできる

ソファーから棚、棚からキャットタワーを利用して下りるなど、猫が無理なく安定して上り下りできます。

窓の外が見える

動くものが大好きな猫にとって窓は大事。リビングの出窓、サッシなどから外の風景が眺められると幸せです。

飼い主さんとふれあいやすい

人の肩の高さ付近でコミュニケーションがとれるくつろぎの場所を。

猫が「どうしてもいたい」場所を用意

いくらフカフカの猫用ベッドを用意しても、なぜか書類ケースに入ってしまうのが「猫」。「そこはダメ！」と追い出さないで、書類ケースが好きなら猫専用のケースを用意してあげましょう。

※青い点線の矢印は、猫の動線。

「猫のアスレチック空間」の検討を

室内飼いの猫は運動不足になりやすく、肥満は様々な病気の温床になります。室内に猫用通路やステップ、収納家具などを組み合わせた「猫のアスレチック空間」があれば、猫はジャンプ、上下運動、歩行など、自由に動きながら運動不足を解消できます。人によってはDIYで作ることもあるようですが、慣れていない場合は、猫のジャンプなどで衝撃がかかって傾いたり、外れたりして危険なこともあります。

失敗しないために、設計は人と動物の暮らしを専門にする設計事務所、施工は大工さんに頼むと安心です。

※賃貸住宅は、大家（または不動産屋）の承諾がなければ施工できません。

猫アスレチックの例

「本を立てる」「物を置く」などの用途とともに猫が歩けるように工夫された「人と猫の共用シェルフ」。上の通路の丸窓のボックスは、猫が隠れたり、のぞき穴にあごを乗せ、部屋を見渡したりするためのもの。

場所をとらないスリムタイプのキャットステップ。

段差が狭く、猫が乗り降りする面が広くなっているなど、安全に移動できるように工夫されている。

設計／金巻とも子

爪とぎで猫のストレス解消&家具を守ろう

猫が「爪をとぐ」には理由がある

猫は、爪がひっかかるものを見つけては、前足を交互に伸ばしながら爪をとぎます。主な理由は、猫の武器でもある爪を磨いて鋭くしておくため、肉球から分泌される特殊なにおいをつけて、なわばりを主張するため、ストレス解消のため、などです。猫にとって爪とぎは譲れない習性で、テリトリーの入り口など、どうしても爪をとがなければならない場所があります。対象になるのは爪が引っかかりやすいカーペット、絨毯、ソファー、柱、壁、ダンボール、家具などです。放置するとあらゆるものがボロボロになってしまいます。猫が思う存分に爪をとげ、家具を傷つけないためには、子猫の頃から専用の爪とぎ（爪みがき）で爪をとぐ習慣をつけておきましょう。

猫の爪とぎポイントはココ！

部屋の図（右下）の●が、猫の爪とぎポイントの例。こうしたところに爪とぎを置くと、猫が存分に爪とぎでき、ストレス解消になるとともに、壁や家具などの保護になります。

猫が爪とぎしたくなるのは、テリトリー（部屋）の入り口、部屋で目立つソファー、掃き出し窓、寝床の近くなど。

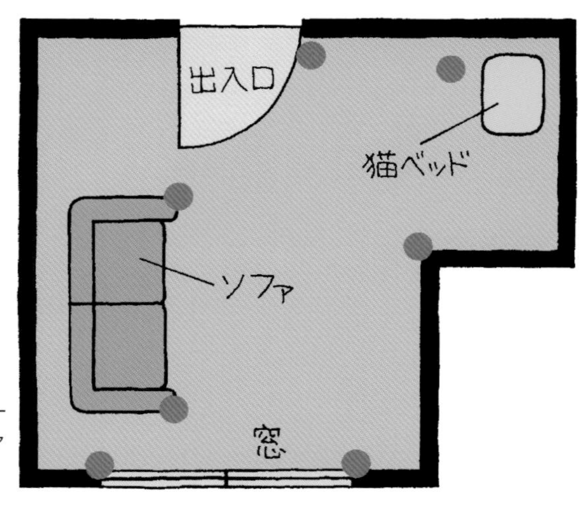

こんなときに猫は爪をとぐ

猫には、爪をとぐきっかけがたくさんあります。

起き抜けに「のび〜」をしたとき

猫は起きたときに、背中を反って両手を前に出します。そのとき、爪が引っかかるものがあると、そのままバリバリ爪とぎをします。

バツが悪いとき

ジャンプに失敗した、同居猫に追いかけられたなど、ちょっと悔しいときに爪をといで気持ちをリセットします。

ケース 2

立ち上がって「のび〜」をしたとき

バンザイの姿勢で壁などに両手を伸ばし、何か引っかかる感触があるとそのまま爪とぎすることもよくあります。表面がツルツルして爪が引っかからない場合はすぐにやめます。

Ⓜ

爪とぎしやすい家具がある

デスクチェアの座面のクッション、部屋の中で目立つ位置にあるソファの角、木製の椅子やテーブルの脚など、猫が爪をとぐためにうってつけの家具は、格好の爪とぎに。

隠れ場所の出入り口

「ここはボクの場所」と主張するために、隠れ場所の出入り口の縁などをバリバリとぎます。

※写真脇にアルファベットの付いた商品は、222 ページに販売元を記載しています。

上手な爪とぎの取り付け方

猫に爪とぎをやめさせることはできません。叱っても無駄ですし、叱ると猫のストレスが増幅して、スプレー（143ページ）などの問題行動につながることもあります。いちばんの解決策は、猫がどこで爪をとぎたがるか観察し、好んで爪とぎする場所に専用の爪とぎを設置しておくことです。適切な位置に置かれた爪とぎで存分に爪がとげれば、別の場所でとぐ必要もなくなります。

爪とぎしそうな場所とおすすめの爪とぎ

以下は猫が好んで爪とぎしそうな場所と、おすすめの爪とぎ設置例です。参考にして、上手に爪とぎを設置してください。

角や凸凹のあるところ

壁の入隅（いりすみ）、出隅（ですみ）、テーブルやイスの脚など角のあるところ。

おすすめの爪とぎ

Ⓜ

Ⓜ

壁の出隅、入隅をカバーする爪とぎと、イスやテーブルの脚に巻ける爪とぎ。

Ⓜ

ソファー

ソファーの角、ひじ掛けの先など、ソファーは爪をとぐポイントが多い。

おすすめの爪とぎ

Ⓜ

ソファーの背もたれや肘かけを麻の布製爪とぎでカバーする。

※写真脇にアルファベットの付いた商品は、222ページに販売元を記載しています。

壁

クロス壁、木の壁など、爪が引っかかる壁。多頭飼育の場合、自分のテリトリーを主張するために、部屋と部屋、部屋と廊下など空間が切り替わるドアやドア付近での爪とぎもよくある。

おすすめの爪とぎ

Ⓜ

壁に貼れる爪とぎや壁に立てかける爪とぎでフォロー。

寝床の近く

起き抜けに「ふぁ〜っ」と伸びをしたあとに爪とぎをしたくなることが多い。

おすすめの爪とぎ

猫の寝床の近くに爪とぎを。 Ⓜ

窓の近く

外猫やお散歩する犬を見かけたときに、「ここはボクんちだ！」と興奮した勢いで思い切り爪をとぐことも。

おすすめの爪とぎ

窓の近くには、立って思い切り爪がとげる爪とぎがおすすめ。 Ⓜ

生活空間に潜む危険から猫を守る

先手の対策で、あらゆる危険を防いで

好奇心が旺盛で冒険家の猫は、卓越したジャンプ力で棚やキッチン台に飛び乗るのも得意ですし、玄関ドアや網戸が少し開いていたら、頭と手先で器用に開けて、外に出てしまいます。嗅覚も聴覚も優れていますから、おいしそうな食べ物のありかもすぐに探し出してしまいます。

しかし、猫のこうした行動の先には危険がいっぱいで、例えば料理したばかりのコンロの上に飛び乗って、熱い鍋や五徳に触れてやけどしたり、網戸を開けて外に出て迷子になってしまったりすることもあります。「外に出ちゃダメ！」と言っても猫にはわかりません。人の感覚による「このくらい大丈夫だろう」という甘い考えは、行方不明などあらゆる悲劇を招きます。

猫との暮らしでは、安全に生活するための配慮は普通のこと。猫にとってどんな環境が危険なのかを知り、先まわりして対策することが大切です。

注意したいポイントと危険対策

玄関

猫の体は柔軟ですし、足音もしません。ちょっとだけ開いているドアや窓を器用に開けて外に出てしまいます。猫にとって外の世界は事故や感染症など危険がいっぱいですから「ドアはしっかり閉める」「閉まっているかどうか必ず確認する」を習慣に。

注意！ 飛び出し防止にゲートを活用

飼い主さんの帰宅がうれしくて、猫が玄関めがけて猛スピードで突進し、ドアが開いた瞬間に外に飛び出し、そのまま帰れなくなってしまうことがあります。この場合、玄関に飛び出し防止のゲートをつけておけば、ブレーキがかかります。

ドアや引き戸

ドアが外開きのレバーハンドルなら、猫はハンドルに飛びついて簡単にドアを開け、自由に出入りします。また、ドアにシッポを挟まれる事故もあり、これは、ドアのあたりに猫がいることに気が付かず飼い主さんが勢いよくドアを閉めたり、玄関や窓を開けたときの風圧でドアが急に閉まったりすることが原因です。マンションの上の階ほど風圧は強いので、より注意が必要です。

お助けアイテム 静かにドアが閉まる「ドアクルーザー」をつける他、写真のようなドアストッパーの利用もおすすめ。Ⓐのようにドアにストッパーをはめ込めば、風が通ってもドアは完全に閉まらず安全。Ⓑのようにドアノブにセットすれば、猫が飛びついてもドアは開きません。また、人のトイレには換気扇があるため猫のトイレを置く家庭もありますが、その場合もⒶのように、トイレのドアにストッパーをつければ、猫はいつでも自由に出入りできます。

Ⓐ
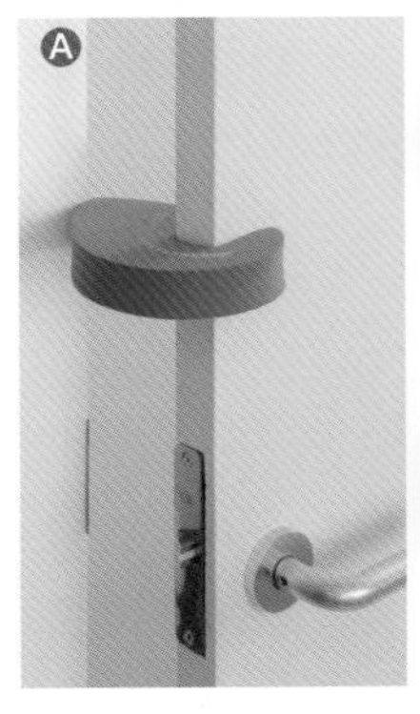

Ⓑ
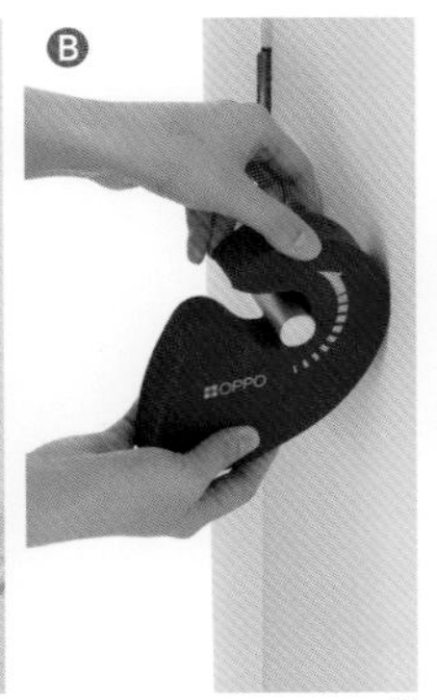

Ⓖ

網　戸

網戸は猫の爪が引っかかるので、簡単に開けられてしまいます。

お助けアイテム 網戸には市販の網戸ロックで脱走防止を。ホームセンターやネットでも購入できます。ただし、そもそも網戸は破れやすいので過信はしないで。心配な場合は、網戸の前に柵を置くのも方法です。

注意！ 庭やベランダに出さない

「家の中だけではストレスがたまりそう」「外に出たがるから」と、庭に猫を出す方もいるようです。でも、猫が庭から車道に出ない保証はどこにもありませんし、近くにきた外猫からノミやマダニがうつることもあります。またマンションのベランダに出すと転落の危険があります。そもそもベランダはマンションの共有部分で、ほとんどの管理組合でペットを出すことを禁止しています。

※写真脇にアルファベットの付いた商品は、222 ページに販売元を記載しています。

棚板が格子のラックやケージ

スチール製のラックやケージの天井に猫が乗って、格子の間に足が入りパニックになると、足を捻挫したり骨折する危険があります。ラックの棚には専用のアクリル板を置くか、なければ厚めのマルチカバーなどを敷いて格子を完全に隠し、猫の足が入らないようにしてください。

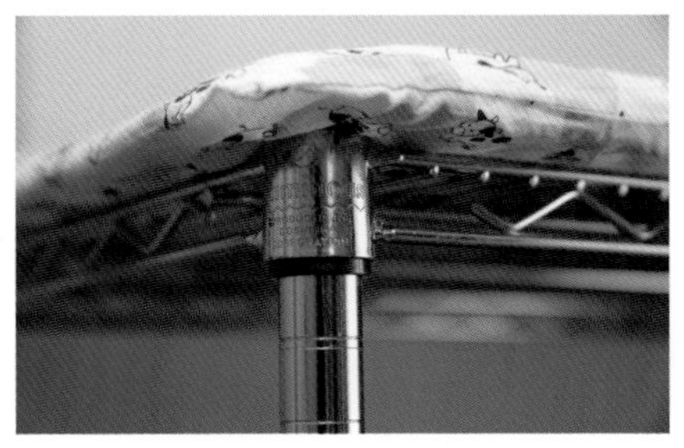

格子の棚に長座布団を置いてガードした例。

机などの引き出し

机の引き出しが少しだけ開いていると猫は手を入れて、手前に引き出して開けてしまいます。一度開け方を覚えると、完全に閉めても、今度は手を引き出しの角に引っかけたりして、器用に開けてしまいます。引き出しの中にフードやおやつがあるとなおさらです。

お助けアイテム

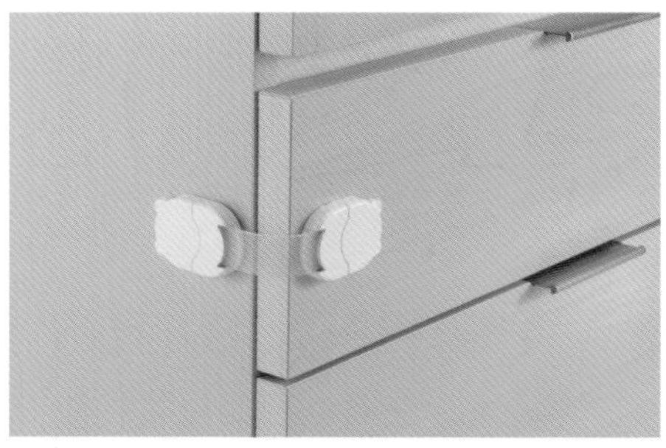

猫が手で「ヒョイ」と開けてしまいそうな引き出しに。Ⓓ

※写真脇にアルファベットの付いた商品は、222 ページに販売元を記載しています。

浴室

浴室の壁や床にはシャンプーや石鹸などの付着があり、猫が直接、または足裏についたものを舐める危険があります。他に、災害時の備えなどで残り湯を捨てない場合、浴槽に猫が転落して溺れる事故も。換気などでドアを開けておくときは、必ず浴槽にしっかりした蓋をしてください。

キッチン

アツアツのお鍋、料理直後の熱い五徳、猫が食べると危険な食品（116 ページ）など、キッチンには危険がいっぱいです。オープンキッチンで猫が自由に出入りできるなら、料理中は猫をケージに入れて、食事、片付けが済んでから解放を。また、ふだんから猫がかじったり食べたりすると危険な食べ物は猫が開けられないところにしまうようにしてください（詳しくは 123 ページ）。

狙われそうなものは、猫が開けられない収納に。

料理が済んだらコンロカバーでガード。 Ⓚ

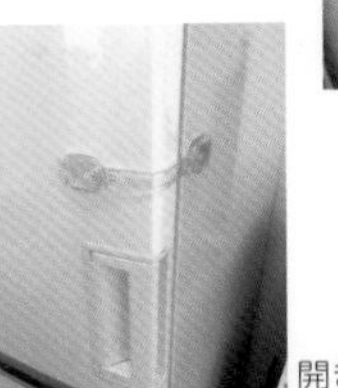

開き戸にロックをかけて開かないように。 Ⓓ

Check! キッチンに扉をつける方法も

キッチンが独立しているなら、入り口に扉をつければ猫の侵入を防げます。しっかりしたドアを検討するなら、工務店や人と動物の住まいに詳しい建築士に相談して、ドアを造りつけてもよいでしょう。

生活必需品が、猫にとっては危険なことも

電気コードも、猫にしてみればおもちゃの紐で、特に危険なのが、身のまわりのものになんでも興味を示す子猫の頃。猫を迎えたら、危険なものはガードしたり、隠したりして、住まいの危険から猫を守りましょう。

ここで紹介する他に、ブラインドの紐に飛びついて、首が引っかかる事故もあります。ホットカーペットは、広めのしっかりしたカバーをかけて、表面の発熱面で爪をとがれないようにしてください。

電気コード

長いコードがむき出しになっているとかじられることも。特に子猫の頃は要注意です。

お助けアイテム

コードボックスにまとめて入れ、猫の目に触れないようにするとよい。

洗剤類

噛み心地がよいのか、芳香剤に反応するのか、洗剤やクリームの入ったプラスチック容器をガジガジ噛んでしまう子がいます。

洗剤類や化粧品は、猫が開けられないところに収納しましょう。

コンセント

猫がコンセントに差さったプラグをかじったり、差込口に猫の毛やホコリが溜まったりすることで漏電の危険があります。また、コンセントの高さは床から25㎝程度の場合が多く、猫がスプレー(143ページ)する場合、ちょうど尿がふりかかる高さで、これも漏電の危険があります。

お助けアイテム

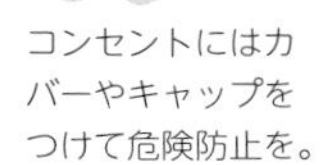

コンセントにはカバーやキャップをつけて危険防止を。

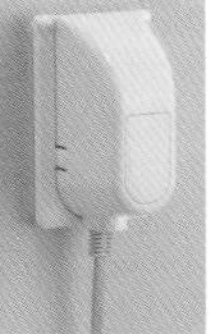

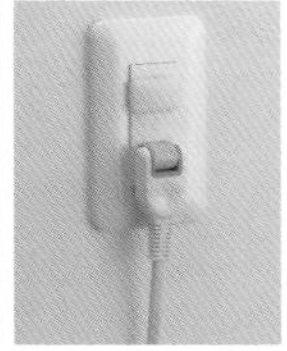

Ⓓ

糸、輪ゴムなど

猫が糸や輪ゴムを飲み込むと、腸で絡んで詰まることがあります。床に落ちた糸やゴミ箱の糸などをかじる子もいますので、猫に見つからないように捨ててください。また、ミシンにセットした巻き糸を引っ張り出す子もいます。ミシン作業の後は糸は外して片付けて。他に、ロールカーテンやブラインドの紐、靴紐なども飲み込みやすく危険です。

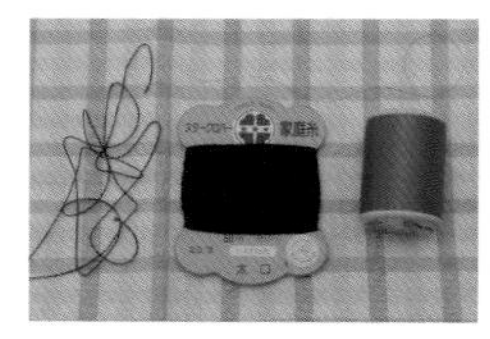

※写真脇にアルファベットの付いた商品は、222ページに販売元を記載しています。

猫が食べると危険な観葉植物

観葉植物の中には、葉や茎を猫が食べたり、植物を活けている水を飲むだけで中毒を起こすものがあり、猫のいる家庭では好きな植物を好きな場所に飾るというわけにはいきません。パキラなど、中毒の心配のない植物もありますが、かじると異物を吐き出す反応で嘔吐することもあります。

また、棚の上などの花瓶や鉢は、猫がひっくり返して破損する危険もあります。観葉植物はベランダや庭に置いて窓越しに観賞したり、玄関先に置いて楽しむようにしましょう。どうしても置きたいなら、下の例を参考に。

猫に危険な植物

アジサイ

ポトス

アロエ

チューリップ　ユリ

この他に、カサブランカ、ローズリリー、ヒヤシンス、キスゲ、カラジューム、ディフェンバキア、モンステラ、ヒガンバナ、アサガオ、キク、パンジー、ツツジなど。

Check! どうしても観葉植物を飾りたいときは

観葉植物を飾りたいなら、鉢が入るサイズの水槽や鳥かごに入れて、植物のまわりをガードしましょう。ポトスなどは、猫が届かない位置で、天井からつるしても。落ちないようにしっかり固定してください。

猫なんでもQ&A

Q

猫が外に出てしまうのは、室内飼いでストレスがたまるから？

「猫が外に出てしまうのは、家の中だけでの生活でストレスがたまるからでは？」と考える飼い主さんがいるようですが、それは違うようです。

猫が外に出てしまうときとは、例えば「いつもは閉まっている玄関ドアや窓が開いていて、ちょっと顔を出して覗いてみたら、そこに知らない空間が広がっていた。『どんなところだろう？』と好奇心のまま外に出て、見知らぬ場所で慌てているうちに迷子になり､帰れなくなってしまった｣。おそらくこんな不本意な状況であって、決して、家を離れて遠くに行こうとしたわけではありません。猫が外に出る原因のほとんどは、飼い主さんの不注意です。行方不明になった飼い猫が戻る可能性は低く、その後の猫が一番不幸です。猫を不幸にしないために、ドアや窓をしっかり閉める習慣を徹底するとともに、猫が外の世界に興味を示さないように、家の中を猫が安心して楽しく暮らせる空間にしておくことも大切です。

Q

多頭飼育をしたいのですが、何匹までなら大丈夫ですか？

A

猫を１匹飼うと、あまりのかわいさにもう１匹ほしくなったり、「この子の遊び相手に、新しい猫を迎えたい」と、多頭飼育を検討したりする方は少なくありません。でも、いくら住環境や経済的に問題なく、責任もって世話のできる家族がいても、多頭飼育の猫たちが同じ空間（家）で、ストレスなく暮らせるというわけではありません。猫は基本的に単独行動を好む生き物ですが、多頭飼育では気の合う猫同士でグループを作ることもあります。同じグループの猫は、同じ寝床やトイレを使いますが、猫の頭数が増えるとグループも増え、どのグループからも仲間外れになる「徹底的弱者」の猫が出る可能性が出てきます。仲間外れになった子は、みんなと同じ食事スペースでごはんが食べられない、他の猫たちと離れた窮屈な場所で過ごさなければならないなど、自由で快適な生活ができなくなります。また、ケンカや粗相などの問題も出てきます。

住宅事情にもよりますが、戸建てやファミリータイプのマンションでの多頭飼育は、多くて４匹、ベストは３匹までです。ただし、２匹や３匹でも、相性が悪い場合、お互いに距離をとって過ごすこともあります。その場合は、それぞれのトイレや食事スペースを用意して、それぞれが気兼ねなく生活できる空間を作ってあげましょう。

Column

夏の熱中症対策

猫は犬に比べると暑さに強いといわれますが、夏の暑い日、冷房なしでは猫も熱中症になります。猫も人間と同様に、熱中症になると、最悪、命を落とすこともあります。熱中症対策は、まずはエアコンによる室温調整です。設定温度を26～27℃程度、日当たりのよい部屋はもう少し下げて、部屋を涼しくしてあげましょう。仕事などで飼い主さんが外出するときも、猫が過ごす部屋のエアコンはかけたままにしておきます。

また猫は、暑ければ日のあたらない涼しい場所を探して寝たり、夕方になり暑さが和らいできたら、保温できる場所に移動したりします。その場合、市販のクールマットと、猫用のベッドや座布団など、冷暖両方のアイテムを用意しておいてもよいでしょう。タイルや石などの床材も、猫がおなかを乗せて身体を冷やせて重宝です。

また、夏は飲水も増えますので「気が付いたら飲み水が空っぽになっていた」というのは大変危険です。いつも新鮮な水をたっぷり用意して、切らさないようにしてください。

Part 4

健康でおいしい食事

おいしくて健康的、猫が喜ぶごはん

猫に必要な栄養素を満たした「総合栄養食」を

野生の猫は狩りをしてネズミや鳥を捕食していましたが、現代の猫の食事は「総合栄養食」と呼ばれるキャットフードです。猫に必要なたんぱく質、脂肪、ビタミン、少量の炭水化物、ミネラルなどがバランスよく配合され、これに加えて水を与えれば猫に必要な栄養素は満たされます。成猫の１日の食事回数は２、３回です。なお、キャットフードには「総合栄養食」の他に、「一般食」（副食）や「間食」（おやつ）などがありますが、間違えて一般食や間食を主食にしないように注意しましょう（106ページ）。

総合栄養食を
選んでね！

猫に必要な主な栄養素

タンパク質

筋肉、内臓、皮膚、被毛を作る栄養素で、猫の主食に値します。タンパク質は20種類のアミノ酸で構成され、中でもタウリンとアルギニンは健康維持に必須。タウリンが不足すると心筋症や視力障害を起こすことがあり、アルギニンが不足すると命に関わることも。

脂肪

エネルギー源でもあり、脂に溶ける脂溶性ビタミンの吸収を促したり、嗜好性を高めたりするためにも必須。必須脂肪酸のリノール酸やアラキドン酸は、犬や人は体内で作れますが猫は作れないので、フードからしっかり摂取することが大事です。

ビタミン

生理機能の維持に必要な栄養素。脂に溶ける「脂溶性ビタミン」と、水に溶ける「水溶性ビタミン」に大別され、脂溶性のビタミンA、D、E、Kはフードから摂取しなければなりません。ビタミンCは体内で作られるので、積極的に摂取しなくても大丈夫。

ミネラル

骨や歯の健康を維持するカルシウムやリン、体液のバランスを整えるナトリウムやカリウムなどがあります。いずれもバランスよく摂取することが大切です。

水

水は、猫の体の半分以上を占めます。成猫の適正な飲水量は、体重1kgあたり約50㎖以下、4kgの猫なら約200㎖以下。ミネラルウォーターは与えないで。

炭水化物

本来、肉食の猫に炭水化物は不要です。総合栄養食に加工された炭水化物が配合されているのは、あくまでも栄養バランスをとるためです。

ドライフードとウェットフードの違いは？

市販のキャットフードの中心は「ドライフード」と「ウェットフード」です。それぞれの特徴を知って、猫の好みや用途に応じて与え分けるとよいでしょう。

●ドライフード
「カリカリ」という愛称で呼ばれることもあります。水分量が10%以下と少ないので、十分な飲水が必要。開封後は一定期間保存がきくように製造されています。猫がほとんど噛まずに飲み込んでも消化されます。

●ウェットフード
75%前後の水分を含み、ドライフードより嗜好性が高い傾向があります。缶詰やアルミパウチなどがあります。開封したら密閉容器に移して冷蔵庫に入れ、数日以内に与えましょう。与えるときは人肌程度に温めて。

上手なフードの与え方

体重に合った量を

フードのパッケージには、例えば「体重3～4kgなら55～70ｇ」というように、猫の体重あたりの1日の給与量の目安が表示されています（106ページ）。1日2回に分けるなら、これを半分ずつ、3回なら3分の1ずつ与えます。ただし、体重が標準よりも増えるなら給与量を減らして。

新鮮なお水もセットで

いつでも新鮮な水が飲めるように数カ所用意してあげてください。ドライフードをメインで与えるなら特に気をつけて。

Check! 食べ残すときは？

食べ残す場合は1回量が多い可能性も。2回食なら3回食に分けて、1回量を減らしてみてください。食事前におやつを食べて「あっちのほうがおいしかった」と選り好みしていることも。また、何かしらの体調不良によって食欲が落ちていることもありますので、食べ残しが続くようなら獣医師に相談を。

キャットフードのパッケージの見方

キャットフードは大切な猫に食べさせる食事ですから、信頼できる製品を選びたいもの。初めて買うときは、パッケージを手にとって、次のような点をチェックしてください。なお、どんなフードを与えてよいのか見当がつかない場合は、獣医師に相談してアドバイスを受けると安心です。

パッケージの例

フードの種類と品質

ペットフード公正取引協議会の分析試験の結果、総合栄養食の基準を満たしているかどうかをチェック。AAFCO（アフコ＝全米飼料検査官協会）の給与基準をクリアしているかどうかもフード選びの基準の一つ。

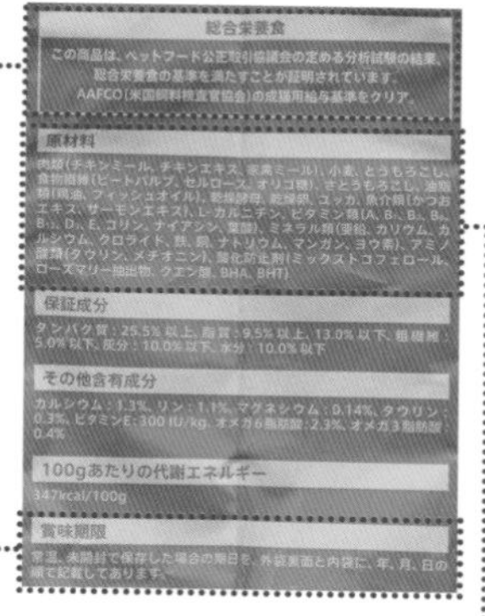

①

給与量・与え方

体重あたりの給与量や与え方がわかりやすく表示されている。

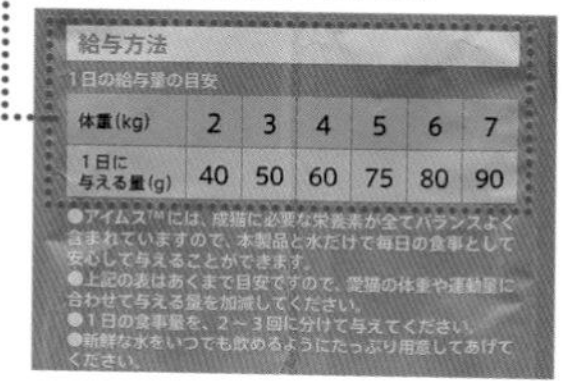

給与方法

1日の給与量の目安

体重(kg)	2	3	4	5	6	7
1日に与える量(g)	40	50	60	75	80	90

フードの特徴

猫の健康に考慮したフードには、毛玉ケア、体重維持、便臭の軽減、皮膚や被毛の健康維持などの特徴が明記されている。

原材料

動物性タンパク質の含有量が多く、オメガ脂肪酸、タウリン、ビタミンEなど猫に必要な栄養素が配合されているものを。

内容量

ドライなら1カ月程度で食べきる量のものを。

対象年齢（ライフステージ）

「成猫用」の場合、1 歳以上。製品によっては「1 ～ 7 歳」などと区切ってあるものも。

賞味期限

パッケージに必ず記載してある。なるべく新鮮な製品がおすすめ。

「その他の目的食」（一般食、副食）とは？

国内で流通するペットフードは「ペットフード公正取引協議会」により①総合栄養食②間食③療法食④その他の目的食に分類されています。パッケージに②は「おやつ」、④は「一般食キャットフード」、「キャットフード（副食）」などと表示されています。④は嗜好重視で一日に必要な栄養素は満たされませんので、与えるなら総合栄養食と併用するようにしましょう。

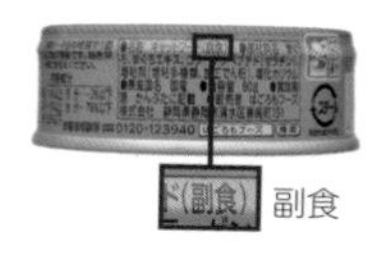

副食

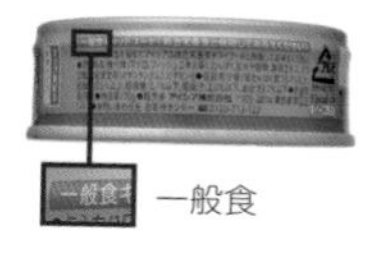

一般食

※写真脇にアルファベットの付いた商品は、222 ページに販売元を記載しています。

ライフステージに合ったフードを選んで

今のキャットフードは、猫のライフステージに応じて栄養設計されたものが多く、フードにもよりますが12カ月まで（成長期）、1歳～（成猫期）、7歳以上（シニア期）に大別されています。例えば12カ月までを対象にした子猫用フード（キトンフード）の場合、成長期に合わせたカロリーや栄養素で設計されているので、1歳を過ぎて与え続けると太ってしまいます。またシニア期に入り、必要な栄養素も代謝エネルギーも変わってきているところに成猫期のフードを与え続けると、健康上に問題を起こす心配も出てきます。猫の健康のためにはライフステージに応じたフードを選ぶようにしましょう。

ライフステージとフードの種類

■ 子猫用フード（キトンフード）
離乳から12カ月までの子猫用フード。

■ 成猫用フード
1歳以上の猫の栄養素をバランスよく配合している。

■ シニア用フード
年齢に伴い増えてくる健康上の問題に配慮している。

7歳以上　1歳～　生後12カ月まで

Check! 目的別のフードもたくさんある

総合栄養食の中には、「不妊・去勢手術後の肥満予防」「肥満気味の猫の体重管理」「FLUTD（猫下部尿路疾患）の予防」「お口の健康維持」など、様々な目的を考慮したフードがあります。肥満など気になることがあれば検討してもよいでしょう。なお、病気の予防や治療を目的とした獣医師処方の「療法食」については205ページで解説します。

食器の選び方と快適な食事環境

衛生的で猫が食べやすい食器を選んで

猫の食器は衛生的で食べやすく、耐久性の高いものがおすすめです。陶器やステンレス製などが好ましく、あまり重さのないものでは、猫の食べる勢いで動いてしまい、食べにくくなります。食器はある程度重量感があるもので、ヒゲがあたらないような広口タイプがおすすめです。また、ある程度高さのあるタイプの食器も、首が疲れず食べやすいです。

食器は必ずフードと飲水用と２個用意してください。食事が済んだら雑菌が繁殖しないためにも必ず中性洗剤で食器を洗って清潔にしておきましょう。

猫が食べやすい食器

ヒゲが
あたらない
広口

necoco

Ⓒ

食器は、猫の食べやすさと衛生面を考えて。プラスチック製の食器は雑菌がつきやすいので避けたほうがよい。

※写真脇にアルファベットの付いた商品は、222 ページに販売元を記載しています。

快適な食事スペースとは？

猫の食事スペースは、リビングの隅など、静かで飼い主さんの目が届きやすいエリアがおすすめです。食事の様子が見えることで「今日はなんだか食べるのが遅いな」「食器の前でしばらく座ってからしぶしぶ食べている」など異変に気づきやすいといえます。

食器の下にトレーを敷くと、食べこぼしても床が汚れません。汚れたトレーは食器と一緒に洗っておきましょう。

注意！ トイレの近くは避けて

トイレと食事スペースが近いと、砂が飛び散って食事や飲み水に入ったりして衛生的にもよくありませんし、糞尿のにおいも気になります。こうした状況を猫が嫌がり、食事をしなくなることがあります。

人もトイレの近くで食事はしたくありませんが、猫も同じです。食事スペースはトイレと離れたところに用意してください。

おやつの上手な与え方

おやつのメリットを生かして与えて

栄養バランスでいうなら、猫の年齢に合った良質な総合栄養食を与えていれば問題ありません。そうなると「おやつ」（間食）はいらなくなってしまいますが、おやつにも様々なメリットがあります。例えば、家に迎えたばかりの猫なら、おやつを与えることで警戒心が薄れ、飼い主さんへの愛着形成が進みます。また飼い主さんにとっても、おやつを見て喜ぶ猫の様子は癒しになります。

ただし、与え方によっては健康上の問題が生じることもありますので、次ページを参考にして、食事とのバランスをとりながら上手に与えてください。

いろいろなおやつ

市販のおやつ

ドライ、ペースト、燻製など、様々なおやつが市販されています。ドライタイプを利用して、遊ばせることも可能です（112 ページ）。

手作りおやつ

人の食べ物も猫のおやつにできますが、与えていいものと悪いものがあります。猫が好むからと害のあるものをおやつにするのは禁忌（116 ページ）。

病気がある猫のおやつは慎重に

病気だからおやつは全部ダメというわけではありません。今は内臓疾患などを抱えている猫でも食べられるおやつ（療法食トリーツ）もあります。病気がある猫のおやつについてはまず獣医師に相談してください。

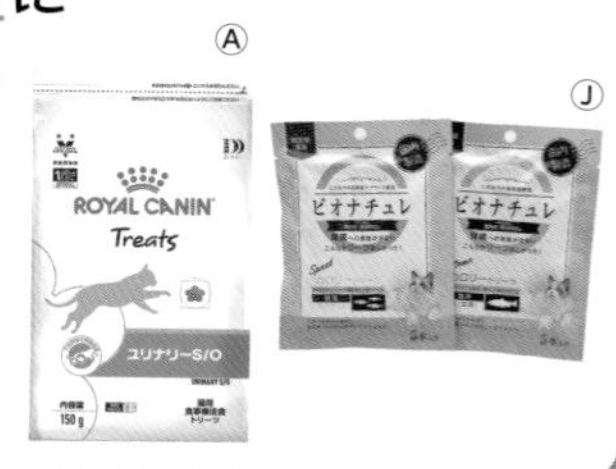

※写真脇にアルファベットの付いた商品は、222 ページに販売元を記載しています。

おやつを与えるときの注意

おやつには様々なメリットがありますが、「猫が喜ぶから」と、ほしがるままに与えると健康面でマイナスになることも。次のことを注意しながら、猫との楽しい暮らしにおやつを活用してください。

1 与えすぎない

市販のおやつは嗜好性が高いので、猫は喜んで食べます。だからといって与えすぎると肥満や糖尿病などの病気を招きやすくなります。猫の健康維持のために、おやつを与えるならフードを1～2割程度減らしてカロリーバランスを取るようにしましょう。ときどき体重測定をして体重が増加気味なら、おやつの量を減らすなど臨機応変な対応で。

3 毎日与えない

毎日与えるとおやつを待つようになったり、おやつだけでおなかいっぱいになったりして、総合栄養食を食べなくなることもあります。おやつは空腹時を避けて、週に1、2回、あるいは週末のお楽しみに。

2 ご褒美をメインに

「苦手な爪切りができた」「おとなしくブラッシングできた」「動物病院から帰宅した」。そんなときこそ、おやつの出番！たくさんほめて、大好きなおやつを与えてください。嫌なことのあとのうれしいご褒美は、猫のストレス軽減に役立ちます。

4 食欲刺激に利用する

食欲がなくてもおやつだけは食べるなら、それが刺激になり食欲が戻ることもあります。ただし、食欲低下の原因は、体調不良やメンタル的な原因、加齢など様々。食欲が戻らないときは必ず獣医師に相談しましょう。

遊びながらのおやつタイムで、ストレス＆運動不足を解消！

狩猟本能にアプローチしながら与える

おやつは、ただ与えるよりも、遊びを交えた方法で与えたほうが猫の狩猟本能をくすぐり、運動不足やストレス解消になります。市販のおもちゃを利用してもいいですし、ドライフードを投げてキャッチさせるなど、猫が興味を抱きそうなやり方をいろいろ試してみてください。

楽しいおやつの与え方の例

ドライタイプのおやつ限定ですが、市販のおもちゃや手作りのおもちゃを利用すれば、おやつと遊びを一緒に楽しめます。

おもちゃを転がしておやつをゲット！

写真は、ドライタイプのおやつを入れたボールを猫が転がすと、中から少しずつおやつが出てくるおもちゃ。どんどん転がしながら、たくさん運動できます。

※写真脇にアルファベットの付いた商品は、222 ページに販売元を記載しています。

ドライフードをキャッチ！

投げて床に落ちる前に、まるで虫をつかまえるように「パン！」と手でたたいて仕留める猫もいます。また、床に落ちたフードを「捕った！」というように素早く手で押さえてから食べることもあります。

おやつはど〜こだ！

座布団の下などにおやつを隠すと、猫は素早く「ここにおいしいものがある！」と嗅ぎ取って、座布団と床のすき間をホリホリしたり、鼻を突っ込んだりしながらおやつをゲットします。

Check! ペットボトルで手作りおもちゃ

しっかり乾燥させたペットボトルにカッターで何カ所か穴を開ければおもちゃに。おやつを入れて猫が転がすと、少しずつおやつが出てきます。

※カッターを使うときはケガをしないように注意してください。

※穴を開けたら、切り口をはがれにくいマスキングテープなどで保護してください。

太りすぎに注意して

太りすぎは健康に問題が生じやすくなる

室内飼いの猫は運動量が少なく、避妊・去勢手術後はホルモンバランスが変わるため、どうしても太りやすくなります。太ると膵臓から分泌されるインシュリンというホルモンの反応が鈍くなり、血糖値のコントロールに支障が出て、糖尿病のリスクも高まります。他にも、心臓に負担がかかったり、関節に負担がかかったりするなど、健康への悪影響が増えてきます。猫の健康のためには、太らせないための食生活と適度な運動が大切です。

肥満の主な原因

1 食べすぎ

体重あたりの適正量を無視してフードを与えると、すぐに太ります。ありがちなのが、食器にフードをてんこもりにして、猫がダラダラ食べるパターン。

2 おやつの与えすぎ

主食（総合栄養食）を満足に与えながら、ほしがるだけおやつを与えると、すぐにカロリーオーバーに。

3 ストレス

「飼い主さんがあまりかまってくれない」「同居猫が苦手」など、何かしらのストレスがあると、過食にスイッチが入ることがあります。

4 運動不足

走りまわることもせず、おもちゃでも遊ばず漫然と「食べて寝て」の生活では消費カロリーが少なく、あっという間に肥満になります。

今日から始めよう！ 猫の肥満予防

肥満予防は、まずは猫の体重に合った食事量と運動です。食事を見直したり、運動を習慣にすることで、肥満にブレーキがかけられます。

食事の適正量を知る

フードにより適正量が異なります。パッケージに書いてある体重あたりの適正量を目安に、体重の増減をチェックしながら給与量を調節しましょう。

給与方法

1日の給与量の目安

体重(kg)	2	3	4	5	6	7
1日に与える量(g)	40	50	60	75	80	90

たくさん遊んであげる

多頭飼育の場合、お互いにじゃれたり追いかけっこをしたりして遊ぶこともありますが、1匹飼いの猫はそれができません。飼い主さんに猫じゃらしを振ってもらったり、ボールを投げてもらったりすると遊びモードが「ON」になります。遊びを習慣にして、カロリー消費とストレス解消を。

BCSで猫の体型をチェック！

BCS（ボディ・コンディショニングスコア）とは、猫のボディラインを見たり、触ったりして肥満をチェックできる方法です。簡単にできるのでやってみて。「ちょっと太めかも？」と気になるときは、食事量を減らしたり、低脂肪・低カロリーの体重管理フードを試してみてもよいでしょう。

体重不足(BCS2)

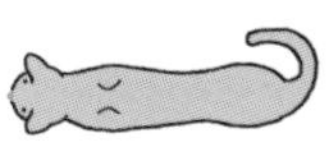

脂肪が少なく、胸や腰をなでると肋骨や腰骨に触れる。見た目で腰のくびれがわかる。

理想体重(BCS3)

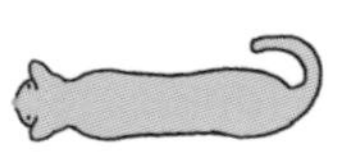

薄い脂肪の下に肋骨や腰骨を確認できる。おなかのあたりも適度な脂肪がついている。

体重過剰(BCS4)

脂肪に覆われ、肋骨や腰骨が触れにくい。腹部の脂肪も厚く、腰のくびれもわかりにくい。

肥満(BCS5)

脂肪が多いため肋骨はほとんど触れられず、腰まわりやおなかも厚い脂肪で覆われている。

猫が食べると危険な食品と食べてもあわてなくてよい食品

人には害がなくても、猫には有害な食品がある

本来、猫は肉食ですが、人と生活するようになった過程で食生活も変化し、今は魚が好きな猫もいれば、野菜に興味を示す猫もいます。ありがちなのは「キッチンにあったブロッコリーをたまたま猫がかじったら食べるようになった」など。ブロッコリーをかじったくらいならそう問題はありませんが、それがネギやタマネギの場合、中毒を起こすことがあります。大切なことは、飼い主さんが、猫が口にすると危険な食べ物について十分な知識を持っていること。それにより、危険な食べ物と猫を接触させない対策を講じたり、万が一食べてしまった場合、すぐに受診するなどの対処ができます。

絶対に与えてはいけない食品

少量でも食べると中毒を起こすなど危険な食品です。覚えておいて、絶対に与えない、猫が届かないところに保管する、を徹底して。万が一食べてしまったら、すみやかに獣医師に相談を。

炭水化物

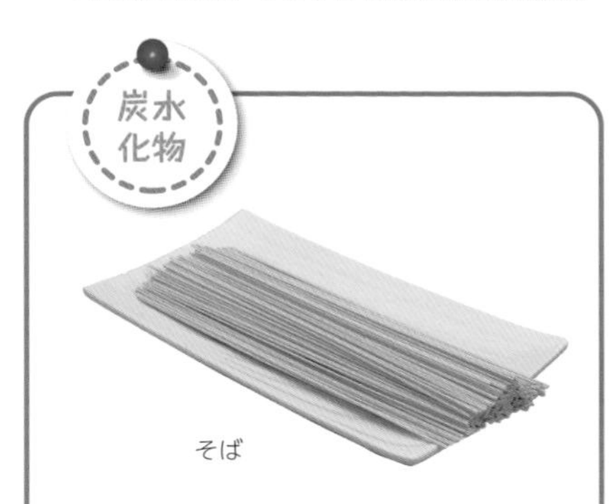

そばアレルギーを起こす危険が

「そばアレルギー」を起こすことがあり、皮膚のかゆみ、湿疹、嘔吐、下痢などの他、ひどい場合は命に関わることも。

果物

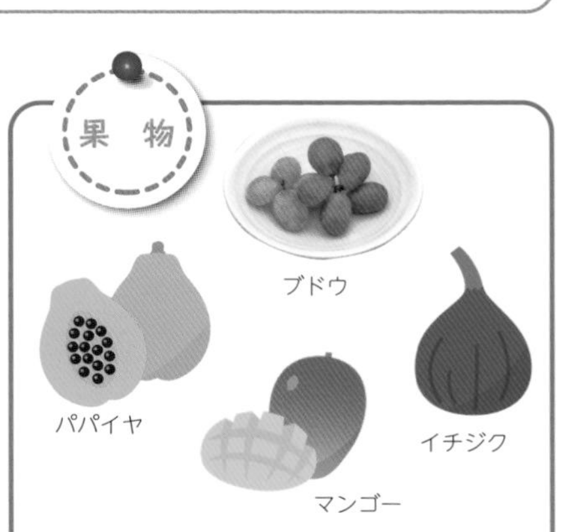

ぶどう、イチジクなどの他、南国のフルーツは特に危険

ぶどうを食べると急性腎不全を起こし、命に関わります。レーズン、ぶどうジュースもNGです。イチジクには中毒を誘発する成分が含まれます。マンゴーやパパイヤなど、南国のフルーツは口の中や唇にアレルギー症状を起こすことがあります。

野菜

アボカド
ネギ、タマネギ

ネギ類は最も危険！

ネギ、タマネギ、ニラ、ニンニク、ラッキョウ、エシャロットなどを食べると重い貧血、血尿や消化器症状などを起こします。ネギやニンニクなどの成分が入った汁物、インスタント食品、パウダーなどもNG。ユリ根には「ヘルシン」と呼ばれる中毒物質が含まれます。猫はネギの青い部分、ニラの先端などで遊びながらかじってしまうことがあります。危険な野菜は猫が届かないところに保管を。

ニラ
ニンニク

ユリ根

ラッキョウ

魚介類

タコ
カニ
イカ
エビ
貝類

生でも過熱してもNG！

イカ、タコ、カニ、エビ、貝類には「チアミナーゼ」という酵素が含まれ、ビタミンB_1を分解します。これを猫が食べると、「ビタミンB_1欠乏症」を起こし、足腰に力が入らないといった神経症状を起こします。チアミナーゼは熱を加えれば消滅しますが、もともとイカやタコなどは消化が悪く、エビやカニは甲殻アレルギーのリスクがあります。加熱しても絶対に与えないで。

※カニ風味の缶詰は問題ありません。

チョコなど

ココア
チョコレート
キシリトールガム

中毒、低血糖、呼吸困難など命に関わることも

チョコレートやココアは、カカオに含まれる「テオブロミン」という成分で中毒を起こします。キシリトールは、血糖値を下げる「インシュリン」の分泌が強く起こり、嘔吐やぐったりするなどの低血糖を起こし、命に関わります。

飲み物

緑茶
紅茶
コーヒー

カフェインもアルコールも中毒症状を起こす

コーヒー、紅茶、緑茶に含まれる「カフェイン」による中毒で神経症状を起こしたり、心臓に影響を及ぼすことも。アルコール類は、嘔吐や下痢、異常行動が見られるだけでなく、最悪、死に至ることもあります。

アルコール

食べてもあわてなくてよい食品

ここにあげる食品を猫が少量食べても、前項で紹介した食品のような危険はありません。だからといって積極的に与えてよいというわけではなく、中には体調を崩したり、病気になりやすくなったりする食品もありますので覚えておきましょう。基本的に人の食べ物は猫に与えないほうが安心です。

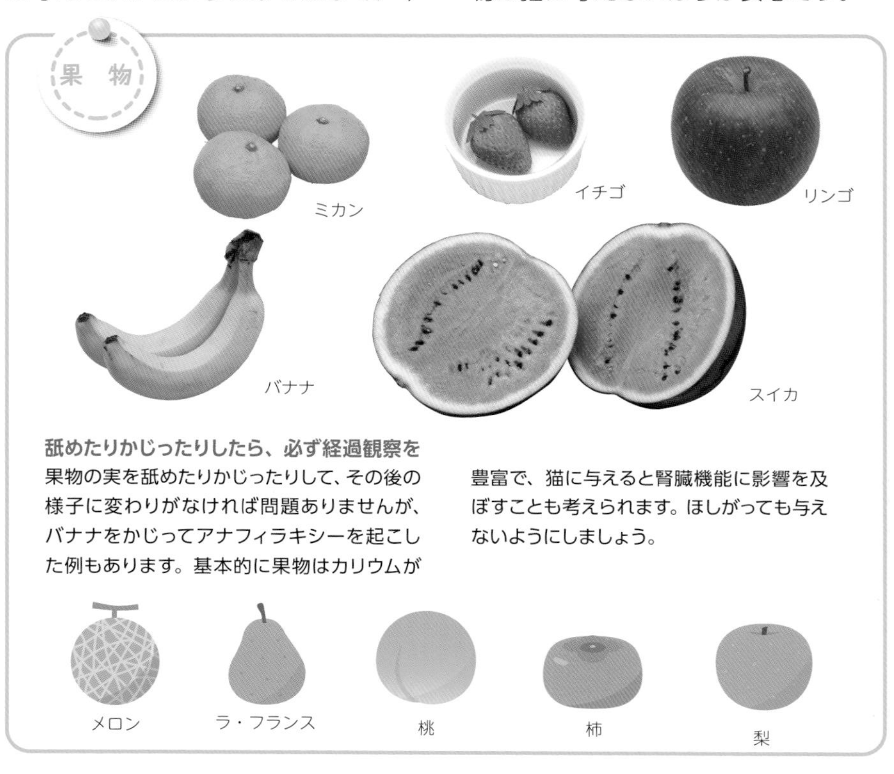

舐めたりかじったりしたら、必ず経過観察を
果物の実を舐めたりかじったりして、その後の様子に変わりがなければ問題ありませんが、バナナをかじってアナフィラキシーを起こした例もあります。基本的に果物はカリウムが豊富で、猫に与えると腎臓機能に影響を及ぼすことも考えられます。ほしがっても与えないようにしましょう。

Check! 猫が好む煮干しやかつおぶしは？

猫のおやつといえば「煮干し」や「かつおぶし」を思い浮かべる方もいるでしょう。でも、人間が食べる煮干しは塩分が高く、「マグネシウム」や「カルシウム」が豊富に含まれています。かつおぶしも「リン」や「マグネシウム」を多く含みますので、おやつとして頻繁に与えると膀胱や尿道に石ができる尿石症（177ページ）の原因になる可能性があります。どうしても与えるなら、猫用の煮干しやかつおぶしを少し与える程度で。

野菜

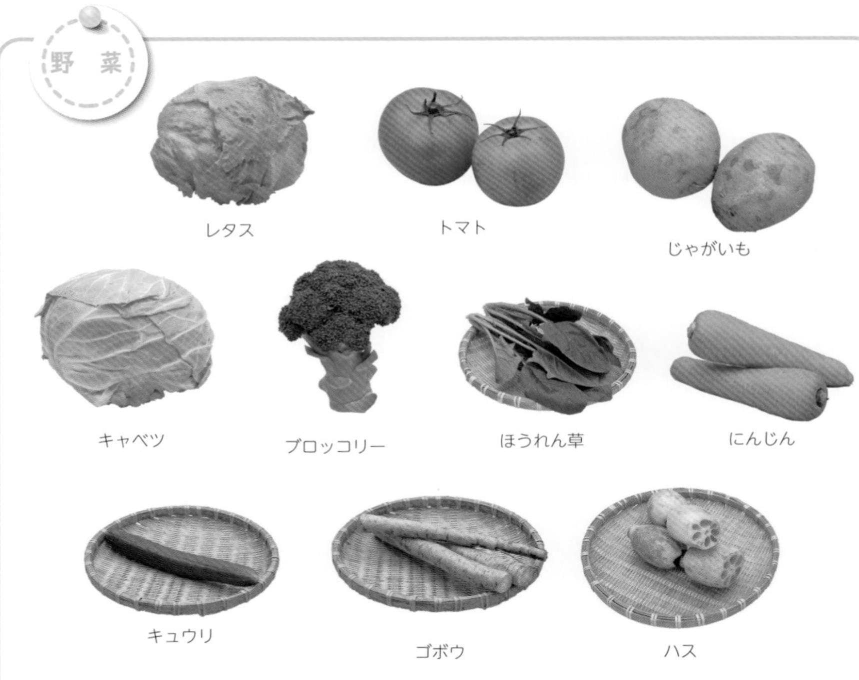

病気の原因になる野菜もある

野菜は人の健康にはよいものが多いため、「猫にもよいだろう」と誤解されることがありますが、人と猫は違います。例えば、ゴボウやハスには、猫の肝臓や腎臓に影響を及ぼす成分が含まれますし、ほうれん草や春菊には、尿石症の原因になる「シュウ酸」が含まれます。また、じゃがいもの芽のあたりに含まれる「ソラニン」は、下痢や腹痛など中毒症状を起こします。猫がゴボウやハス、じゃがいもなどを好んで食べることはあまりないですが、台所にあるほうれん草や春菊の葉をいたずらしているうちに食べてしまうことは十分あり得ます。レタス、キュウリ、トマト、キャベツ、ブロッコリー、にんじんなどはそう心配することもありませんが、肉食の猫に、あえて野菜を与える必要はありません。

料理したものは与えないで

複数の野菜や肉などを煮た料理やお浸しなど、素材を調理して味付けをしたものは全てNGです。消化の悪いものや中毒を起こすネギ類が混ざっていたり、塩分や糖分が高かったりするため、猫の健康を害します。料理したものは猫の手が届かないようにしてください。

炭水化物

パン

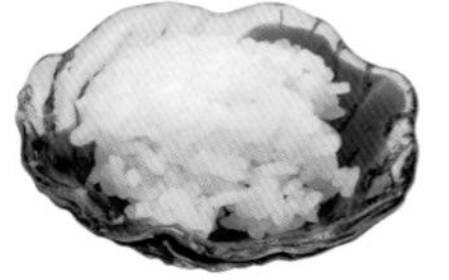

ごはん

ごはん、パンなどには肥満、糖尿病のリスクが

炭水化物は、キャットフードとして加工されたものなら問題ありませんが、ごはんやパン、麺類などを与えるのはNGです。飼い主さんの食事のときに「猫がほしがるので少しだけ」と与えているうちに、肥満や糖尿病につながる可能性があります。

乳製品

ヨーグルト　牛乳

牛乳で下痢を起こすことも

乳糖を分解する「ラクターゼ」という消化酵素の少ない猫は、牛乳で下痢をします。与えるなら猫用に開発された牛乳を。ヨーグルトは、砂糖を含まないプレーンを少し舐めた程度なら問題ないですが、「喜ぶから」と与えるのは猫の健康上、好ましくありません。

練り製品 加工食品

塩分が高く、内臓に悪影響を及ぼす

カニ風味かまぼこ、かまぼこなどの練り製品、ハム、生ハム、ソーセージ、ベーコン、焼き豚、スモーク、塩漬け、西京漬け、しょうゆ漬けなど、肉や魚の加工食品はかなり塩分が高いので、与えると腎臓など内臓機能への影響がかなり心配です。においが強く、ほしがる猫も多いので注意してください。

スイーツ

スイーツ類

肥満や糖尿病のリスクを上げる

生クリームやあんこは、人が食べて「甘い」と感じるわけですから、かなりの糖分です。食べすぎると肥満や糖尿病になることがあり、これは猫も同じです。「少しくらいいいか」と、生クリームなどがついた包装フィルムを舐めさせたりすると、味を覚えてほしがるようになるので注意しましょう。スイーツは飼い主さんのおやつで、猫のおやつではありません。

おやつにするなら、肉は必ず過熱して

猫は肉食ですから、おやつに肉を与えても問題ありません。しかし、生肉には雑菌がいたり、生の豚肉にはトキソプラズマ（192ページ）が潜んでいたりすることがありますから、必ずゆでて冷ましたものを与えてください。猫が感染すると宿主になり、人にも影響を及ぼします。魚は、マグロ、タイ、サケなどの刺身を半切れくらいまでなら問題ないでしょう。

魚介類・肉類

注意！ 背の青い魚の与えすぎは要注意！

アジ、イワシ、サンマ、サバ、カツオ、ブリなど不飽和脂肪酸を多く含む魚を継続して与えると、黄色脂肪症（ビタミンEの欠乏により皮下や腹腔内の脂肪が酸化し、炎症を起こす）や脳にも影響を及ぼすビタミンB_1欠乏症になるリスクが高まります。与えるなら、飼い主さんが食べるとき、ほんの少量をおすそ分け程度に。

危険な誤食から猫を守って

危険なものは、手の届かない場所に捨てる・保管する

　猫が食べると危険なものは、食べ物だけではありません。猫が「おいしそうな食べ物かも」と感じるものは、魚や肉のにおいのついた食品トレー、焼き鳥の串、食材を包んだり器にかぶせたりしたラップ、肉の塊を縛ったタコ糸、フライパンの油を拭き取ったペーパータオルなどたくさんあります。こうしたものをうっかり放置すると、猫はにおいを嗅ぎつけて、かじったり、飲み込んだりすることがあります。万が一、異物が腸管のどこかに詰まったり、腸壁に刺さったりすると、最悪、命に関わることもあります。猫を誤食から守るためにも、日頃からしっかり対策してください。

猫が誤食しやすいもの

猫が誤食する可能性の高いものをあげてみました。他に、魚や肉の汁がついたスポンジやたわしなども危険です。

糸

肉などを縛ったあとの糸だけでなく、長いものを好む猫は、裁縫用の糸や毛糸で遊んでいるうちに飲み込んでしまうことも。

誤食に気がついたら…

　「ここにあったはずのラップがない」「猫がかじった残りのトレーや竹串があった」という場合、動物病院に連絡して、誤食の状況を伝えてください。なお「絶対に与えてはいけない食品」（116 ～ 117 ページ）を食べてしまったときも同様です。

魚の骨や肉の骨

飼い主さんが食べ終えた焼き魚や煮魚の骨は、骨の先端で喉や食道を傷つけることがあります。フライドチキンやスペアリブなどの骨は、猫がかじると縦方向に割れて鋭利になるので特に危険です。

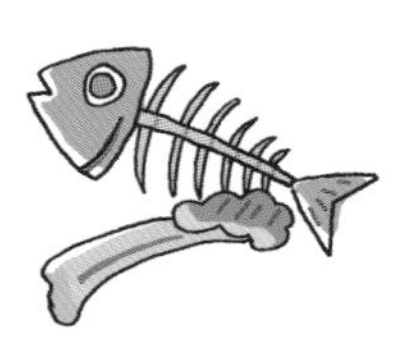

竹串

焼き鳥の串、お団子（みたらし団子が多い）の串、爪楊枝、割りばし、輪ゴムなど。

食品トレー

嘔吐で出たり、便と一緒に出てくればよいですが、大きさや量によっては腸で詰まる可能性が。トレーを包んでいるラップも危険です。

包装フィルム

猫はかつおぶしの包装フィルム、アルミパウチのキャットフードなどを「これはおいしいもの」と形で覚えています。市販のだしパックはにおいですぐにわかり、ガジガジかじって包装ごと食べてしまいます。

誤食させないための対策

買ってきた食品はすぐにしまう

猫が好みそうな食品はすぐに冷蔵庫にしまいます。乾物などは猫が開けられないストッカーや棚がベスト。

使用済みの食品トレーなどはすぐに処理

使用済みの食品トレーや竹串などを「うっかりテーブルの上に置いていたら、猫が食べていた」ということがよくあります。危険なものはすみやかに、猫の手が届かない場所に捨ててください。

猫が開けられないゴミ箱を用意

蓋のないゴミ箱ににおいの強いものを捨てると、猫はあっという間にひっくり返して目的のものを引っ張り出します。ゴミは、蓋がしっかり閉まり、猫が簡単に開けられないゴミ箱に。ない場合、ゴミは家の外で保管するようにしてください。

好奇心旺盛でなんでもかじっちゃう子猫は特に注意してね！

猫なんでもQ&A

Q 健康によいフードを選びたいですが、種類が多くてどれがよいのかわかりません

A キャットフードの種類は多いので、初めてのキャットフード選びは迷ってしまいますね。フード選びのポイントは、ペットフード公正取引協議会の基準をクリアした総合栄養食であること、猫のライフステージに合っていること。この２つの条件を満たしていればまずは合格です。本当の意味でのフード選びはそこからで、最初に選んだフードをしばらく食べさせて、猫の様子に気になることがなければそのまま与えてかまいません。ですが、「吐く、下痢をする」「皮膚をかゆがる」「FLUTD（猫下部尿路疾患）に配慮、と明記されているのに結石ができやすい」など、何かしら問題が生じるようなら、別のフードを検討します。その場合、かかりつけの獣医師に相談してフード以外の原因がないかどうか鑑別し、アドバイスを受けるとよいでしょう。それでも健康上の問題が解決されない場合、療法食（205ページ）が選択されることもあります。

Q 今は子猫用フードを食べています。これから偏食にならないためにはどうしたらいい？

A 「うちの猫は、決まった味の缶詰しか食べない」。ときどきこんな話を聞くことがありますが、その一方で、「どの味でも喜んで食べてくれる」という猫もいます。この違いは、猫の個性もありますが、子猫の頃の食生活の影響が大きいかもしれません。「子猫の頃からいろいろな味のフードを食べさせていた」という猫と「マグロ味が好きだから、それだけを食べさせていた」という猫では、明らかに後者のほうが偏食になりやすく、これは人の子どもが、好きな食べ物ばかり食べさせていると偏食になりやすいのと同じ理屈です。

子猫の離乳が済んだら、1 種類のフードにこだわらず、いくつかの味を食べさせてみましょう。全てというわけではありませんが、成猫になっても、子猫の頃に食べた味を思い出し、選り好みせず食べてくれるようになる傾向があります。

Q

ときどきドライフードを吐きますが、フードが合わないの？

猫がフードを吐く理由はいくつかありますが、多いのは、急いでドライフードを食べて吐き戻してしまうこと。ドライフードは胃の中で水分を吸収して膨張しますが、空腹で急いで食べると、同時に空気を飲み込んで急に胃が圧迫され、吐いてしまいます。強い空腹感があると急いで食べようとしますので、1回の食事の量を調整して、食事の回数を増やすのも方法です。

朝吐きやすいなら、例えば夕食を 16 ～ 17 時頃、次に飼い主さんが寝る前に夜食を少し与えて、翌日の朝食までおなかを満たすようにしてみましょう。それでも勢いよく食べてしまうなら、食器を平らなものに変えてみてください。深みのある食器よりもフードが均等になり、口に大量のフードが入りにくくなります。

また食後少ししてからの嘔吐は、胃の中の毛玉などの異物、食べているフードが体質に合わない、何かしらの病気が原因ということもあります。吐いたあと元気にしていればさほど心配ないですが、吐く回数が多い、繰り返し吐く、ぐったりしているなど、いつもと様子が違うときは、必ず動物病院を受診してください。

Q

あまり水を飲みません。飲水を促すためにできることは？

A

猫はもともと、あまり水を飲まない動物で、飲水量が少ないことによる弊害は多く、加齢に伴い増えてくる「慢性腎不全」の他に、FLUTD（猫下部尿路疾患）や便秘症などにもなりやすいです。こうした病気の予防のためにも、できるだけ飲水は促したほうがよいでしょう。飲水ボウルを置いておいてもあまり飲まないようなら、日頃の猫の飲水行動を観察し、例えば水道の蛇口から落ちる水滴が好きなら、少しだけ蛇口を緩めて水をぽたぽた垂らしておく、マグカップに注いだ水を好むなら、猫専用のカップに水を入れて置いておくなどしてもかまいません。なかには氷の入った水を好む猫もいますので、その場合は氷を1、2個浮かべてもよいでしょう。トイレタンクなど、流れる水に興味を示すなら「ウォーターファウンテン」（電気式で流れる水飲み器）を試してもよいかもしれません。

また、夏は常温でかまいませんが、冬の水道水は冷たくて飲みにくいので、人肌程度に温めた水を用意して、毎日新鮮なものに交換してください。なお、ミネラルウォーターはカルシウムやマグネシウム濃度の高い製品もあり、結石ができやすくなる可能性があるので与えないでください。

Column

猫が水をたくさん飲むのは病気？

猫はあまり水を飲まない動物ですが、病気になると一転し、多飲になることがあります。多飲は猫の体重に関係なく、1日250mℓ以上の飲水で疑います。原因となる病気には、慢性腎不全（178ページ）、糖尿病（186ページ）、甲状腺機能亢進症（186ページ）などがあります。どの病気も多飲が見られるときには病気の初期サインであることが多く、見逃さないことが早期発見につながります。

そのために重要なのが、日頃の飼い主さんの観察です。「以前より水を飲んでいる姿をよく見るようになった」「なんだかおしっこの量が多い」など、「いつもと違う」という違和感が、受診のきっかけになることがよくあります。

また、慢性腎不全などの内臓疾患は、定期的な血液検査や尿検査で早期発見が可能です。7歳を迎える頃になったら、定期的な健康診断（210ページ）を受けると安心です。

Part 5

快適なトイレ

猫が快適で安心できるトイレ

いつでも猫が気持ちよく排泄できるトイレを

猫はとてもきれい好きですので、汚れたトイレでは、「ここではできない！」と排泄をあきらめてしまうことがあります。そのままがまんすると、膀胱炎など泌尿器系の病気を発症したり、トイレ以外の場所で排泄することがあります。排泄物はすみやかに片付けて、いつでも猫が快適に入れるトイレにしてあげましょう。一つのトイレが汚れていたら、別のきれいなトイレに入れるように複数あると、猫も飼い主さんも安心です。そうした意味でも、トイレの個数は匹数＋１個が理想です。匹数＋２個あっても構いません。

Check! トイレ選びのポイント

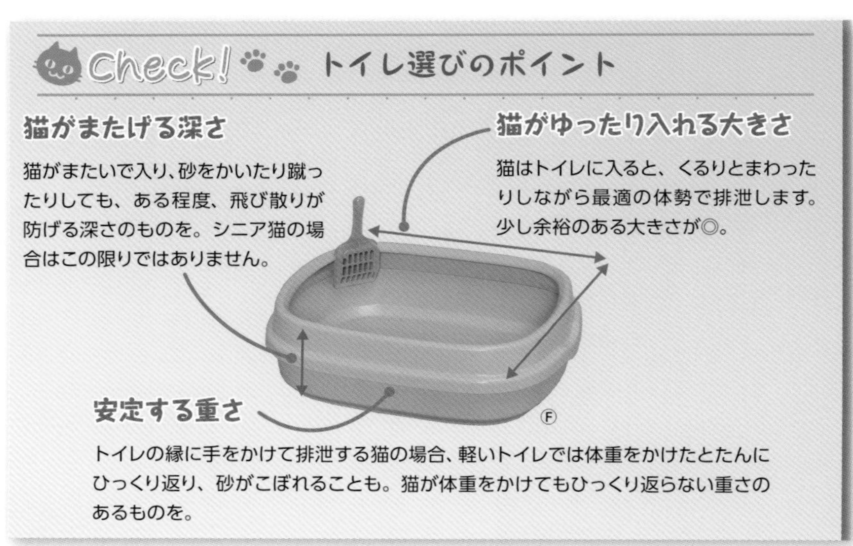

猫がまたげる深さ

猫がまたいで入り、砂をかいたり蹴ったりしても、ある程度、飛び散りが防げる深さのものを。シニア猫の場合はこの限りではありません。

猫がゆったり入れる大きさ

猫はトイレに入ると、くるりとまわったりしながら最適の体勢で排泄します。少し余裕のある大きさが◎。

安定する重さ

トイレの縁に手をかけて排泄する猫の場合、軽いトイレでは体重をかけたとたんにひっくり返り、砂がこぼれることも。猫が体重をかけてもひっくり返らない重さのあるものを。

※写真脇にアルファベットの付いた商品は、222 ページに販売元を記載しています。

猫がトイレに入ってから出るまでの動き

猫がトイレに入ってから出るまでの動きを知っておくと、トイレのサイズ、掃除の大切さ、置く場所を考えるときの参考になります。

1 トイレに入り、においを嗅いで砂を掘る

「ここは汚れていないかな？」と確認するようににおいを嗅ぎ、「ここだ！」と場所が決まったら、前足を交互に出しながら砂を掘る。

2 排泄する

1 の動きから素早くおしりを宙に浮かせるようにして排泄。

トイレの縁に前足をかけて姿勢を固定させる子も。

3 排泄した場所を確認して、砂をかける

排泄がすむとくるりと体を回転させ、排泄物のにおいを嗅いで、砂をかけて隠す。砂をかけているつもりで、トイレの縁をかくことも。この動作は、猫砂が気に入らない場合にやることもある。

4 排泄したところをよけて外に出る

おしっこやうんちに触れないようによけながら急いでトイレから出る。

猫がうれしいトイレスペースとは？

猫に限らず動物は、排泄中は無防備ですから、少しでも人目につかない場所のほうが安心します。

猫のトイレスペースは家族の往来が少なく落ち着いて排泄できる場所で、猫が食事をする場所から離れていることが条件です。

また、冬場は廊下の隅などの寒い場所にトイレがあると、通うのもおっくうです。トイレはある程度、暖かい空気が行き届き、なおかつ、換気扇で換気ができる洗面所やトイレ（人用）の近くなどが理想です。

「わが家の間取り上、そこまで理想が叶えられない」という場合、少しでも人から離れた静かな場所を選び、テーブルや台の下などに置いて、トイレを隠すような工夫をしてもよいでしょう。

理想的なトイレの場所

1 人通りが少ない

人の行き来が少ない静かな場所なら、猫は落ち着いて排泄できます。ただし、健康チェックのために、遠目から排泄の様子を観察することも忘れずに。

2 換気できる

洗面所、浴室、トイレなど、換気扇のついているところの近く（ただしキッチン以外）なら、猫が排泄後、換気扇をつけて空気の入れ替えができます。玄関、ドアの近くなど人の出入りの多い場所は落ち着かないので極力避けて。

3 あまり寒くない

人も冬に寒いトイレには入りたくありませんが、猫も同じです。トイレはある程度暖気がある場所に設置して。

トイレスペースのアイディア

猫が快適に排泄できるトイレスペースの例を紹介します。猫のトイレ置き場を考えたとき「わが家のあのスペースや棚を利用すればできるかな？」と、ヒントになるかもしれません。トイレ用品の置き場所の確保も忘れずに。

●収納スペースを利用

収納棚を利用して、下段をトイレスペースに。前面にロールカーテンをつけ、ふだんはトイレの高さより少し上まで下ろしておくと猫が安心して排泄できます。風通しがよく猫が出入りしやすい余裕があることが大切です。

●洗面所に設置

洗面所は、換気扇があるのでにおい対策も万全です。洗面台の下などにトイレが置けるスペースがあるなら利用しても。ランドリーラックの棚の下なら、棚にトイレグッズが置いておけるので便利です。

●少し目隠しするだけでも

棚、机、テーブルの下などにトイレを置いて、布などを少し垂らしておくだけで猫は安心できます。住宅事情で思うようなトイレスペースがない場合、試してみて。

フルカバートイレとは？

カバーがあるので猫砂の飛び散りが少なくすみますが、まめに掃除をしないとトイレ内ににおいがこもります。「うちの猫はフルカバー派」という場合は、こまめな掃除で猫が気持ちよく排泄できるようにしましょう。

Ⓕ

トイレの出入りパターンから置き場所を考えて

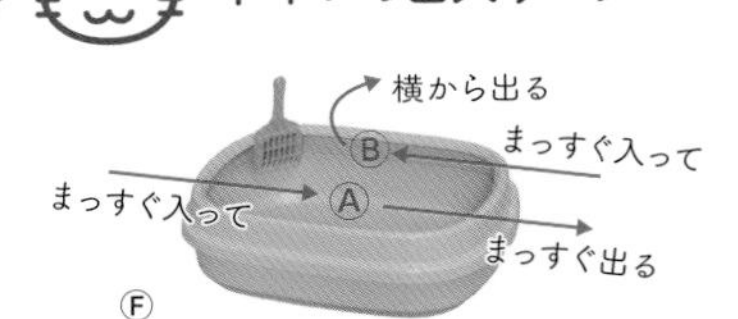

猫のトイレの出入りは、Ⓐ、Ⓑいずれかのパターン。トイレの置き場所は、この動きを考慮したスペースが理想です。囲まれた空間にトイレを置く場合は、Ⓑラインが可能になるように横にスペースを作ってあげましょう。

※写真脇にアルファベットの付いた商品は、222ページに販売元を記載しています。

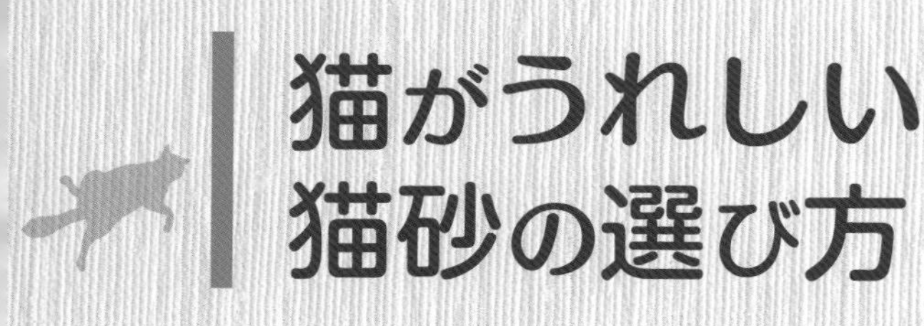

猫がうれしい猫砂の選び方

猫砂の原料もいろいろある

猫は自分の排泄物に砂をかける習性があり、子猫を初めて猫砂の上に置くと、誰に教えてもらったわけでもないのに前足でガサガサと砂をかいて排泄し、その上に砂をかけます。

市販の猫砂は種類も豊富で、鉱物、木、紙、おからなどの原料で、消臭効果や掃除のしやすさなどの特徴があります。システムトイレ専用の猫砂など一部のものを除いては、たいていの砂は尿をするとかたまり、専用のシャベルで簡単に取り除くことができます。

どの猫砂がよいかは、こればかりは猫の好みですが、子猫の頃から使っている猫砂を長く使っていることが多いようです。

猫砂のタイプ

●紙系
粒が大きく固まりやすい。トイレに流せるものもあり、購入時に要確認。軽くて持ち運びはしやすいが、軽くて大きめの粒を嫌がる猫も。

●鉱物（ベントナイト）
粘着性、吸水性に富んだベントナイトが主原料。固まりやすく処理がしやすい。左はベントナイトに木材系などが混ざっているタイプ。

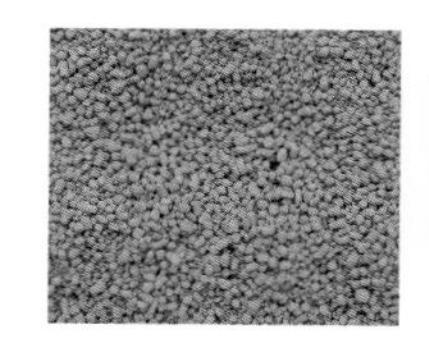

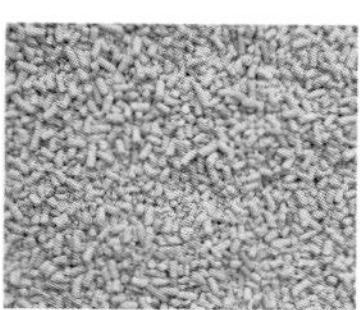

ペットシーツを併用するときは

写真のように砂はほんの少し撒く程度でも構いません。砂を使わず、ペットシーツだけで排泄できる子もいます。

Ⓕ

※写真脇にアルファベットの付いた商品は、222 ページに販売元を記載しています。

猫砂の慣らし方

子猫の頃から使っている猫砂に慣れているならそれを使い続けて構いません。途中で別の猫砂に変えるときは、使っている砂に新しい砂を混ぜて様子を見たり、別のトイレに新しい砂を入れて、興味を持つかどうかしばらく観察してください。においを嗅ぐだけでトイレから出るようなら「この猫砂じゃ嫌だなぁ」というサインです。なお、おから系の砂は、たんぱく質に反応して食べてしまう子がいます。おからの猫砂を使う場合は、しばらく様子を見て、口に入れるようならすぐに中止してください。

猫砂の量と掃除の仕方

トイレに猫砂を十分に入れてあげましょう。排尿したらしばらくそのままにして、かたまったら専用のシャベルで塊をすくって捨てます。猫砂はある程度まで継ぎ足しでよいですが、月に 1 ～ 2 回はトイレを空にして洗って干すか、除菌シートなどで拭いて消毒してから新しい砂に入れ替えを。

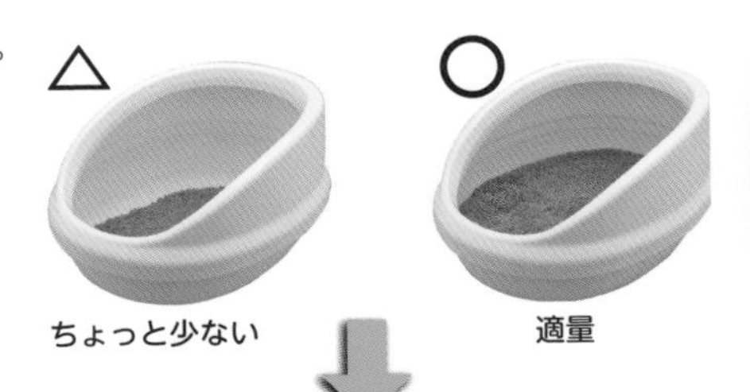

排尿したら

砂がかたまったら専用のシャベルで取ってゴミ箱へ。

トイレのにおい対策

ⓒ

猫砂は消臭成分を含んだものが多いので、まめに掃除をすればあまりにおいは気にならないはずです。どうしても気になるときは猫トイレ専用の消臭スプレーを活用したり、トイレの近くに消臭ビーズなどを置いたりして対策を。

Check! システムトイレとは？

猫が排尿すると、専用の猫砂を通過して、底のトレイに落ちる仕組みのトイレ。トレイの底にセットされた消臭マットやシーツが排尿を受け止めます。一般的なトイレよりも消臭効果は高いとされますが、定期的な消臭マット（あるいはシーツ）と猫砂の交換、掃除は必須です。尿検査のときも便利です（139 ページ）。

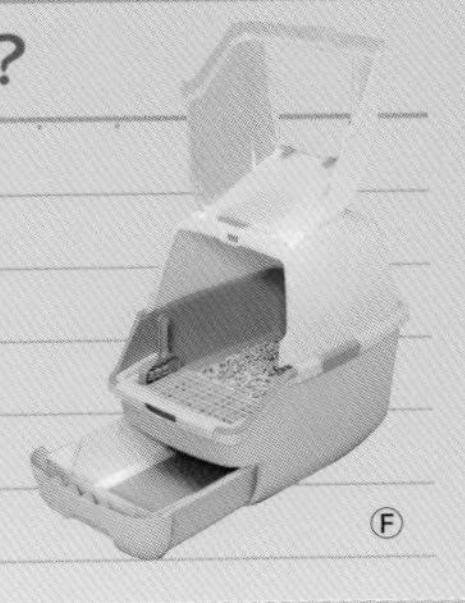

Ⓕ

おしっこの様子でわかる病気のサイン

異変のサインを見逃さないで

猫は、膀胱や尿道に関係するFLUTD（猫下部尿路疾患）になりやすく、そのサインは排尿時の様子に現れます。よくあるのが頻繁にトイレに通うけれど尿が少ししか出ない（あるいはまったく出ない）、落ち着きなく動きまわり、トイレ以外の場所で排尿する（あるいはしようとする）、など。排尿時に痛みを伴うと、大声で鳴くこともあります。

また、排尿時間が長く、おしっこの量が多いという場合は、慢性腎不全などの病気が疑われます。猫の排尿の様子が「いつもと違う」と感じたら、躊躇せずに動物病院に相談しましょう。その際に、「尿を取って持ってきてください」といわれることがあります。採尿の仕方については138ページで解説します。

猫はおしっこに関係する病気が多いよ！

いつもと様子が違うと思ったら、動物病院に連れていって！

Check! FLUTD（猫下部尿路疾患）とは？

膀胱と尿道の病気の総称で、尿石症や特発性膀胱炎などがあります。尿石症で多いのは、ストルバイト（リン酸アンモニウムマグネシウム）という結晶が原因になる「ストルバイト結石症」です。頻尿、血尿、痛みを伴い、猫にとってはかなりつらいもの。予防や治療については177ページで解説します。

FLUTDを予防したり治療するフードもあるよ

こんな様子があったら動物病院へ

次のようなサインが見られる場合、FLUTD（猫下部尿路疾患）や慢性腎不全などの病気が疑われます。排尿の様子が「いつもと違う」「おかしい」と感じたら、必ず動物病院を受診してください。

1 頻繁にトイレに行く

落ち着きなくトイレ通いを繰り返すが、出ても少量だったり、出ないことも。排尿時に痛そうに鳴くこともある。

2 別の場所で排尿しようとする

トイレに間に合わないような様子で、トイレ以外の場所でくるくるまわったり、砂を掘るような動きをして、排尿スタイルになる。

3 おしっこが赤い

血尿は、白っぽい猫砂やペットシーツを使っているとわかりやすい。

4 猫砂の塊が小さい

かたまるタイプの猫砂の場合、いつもよりおしっこの塊が小さいことで、1回の排尿量が少ないことがわかる。

5 猫砂の塊が大きい

以前よりも猫砂の塊が大きい場合、慢性腎不全などで尿量が増えている可能性も。システムトイレでは、トレイに敷くマットやシートを交換する頻度が増え、わかることも。

いろいろな採尿テクニック

採尿アイテムを使って上手に採尿を

排尿の様子で心配なことがあると、多くの場合、動物病院では尿を採取して検査をします。それにより病気の原因が明確になり、適切に治療することができます。

検査のために、飼い主さんには自宅で採取した尿を持ってきてもらいますが「どういうふうにして採尿してよいのかわからない」「採尿しようとすると猫に気づかれてしまう」といった問題もあります。

その場合、次のような方法がありますので、やりやすそうなものを試してみてください。どの方法でもうまく採尿できない場合は、無理をしないで動物病院に相談を。

猫が排尿するタイミングを狙う

猫にも飼い主さんにもストレスのない採尿方法は、猫が排尿スタイルになったときに後ろからそっと採尿アイテムを差し出して尿をキャッチする方法です。猫の後ろ側からそっとアイテムを出せるように、トイレを置く場所や向きを工夫してください。「どうしても気づかれてしまう」という場合は、次ページの方法を試してみて。

採尿アイテム

- おたま（100 円ショップなどで買ったもの）
- よく洗ったイチゴのパックや発泡スチロールのトレイ
- スポンジ　・割りばし
- ウロキャッチャー

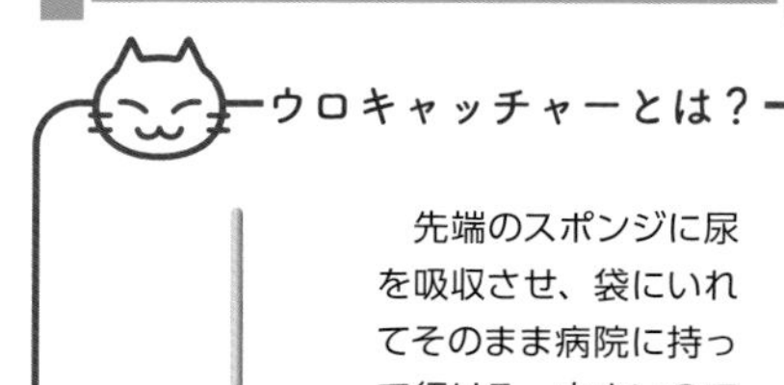

ウロキャッチャーとは？

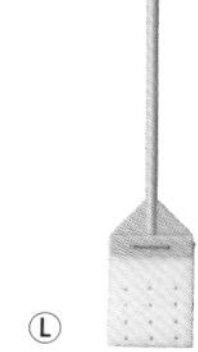

先端のスポンジに尿を吸収させ、袋にいれてそのまま病院に持って行ける。小さいので猫に気づかれにくく、使いやすい。置いてある動物病院も多く、ネットでも購入できる。

※写真脇にアルファベットの付いた商品は、222 ページに販売元を記載しています。

トイレに採尿アイテムを置く

適当な大きさに切ったスポンジを猫砂の上に散らしておきます。この場合、猫砂は少し減らしてもよいでしょう。猫が排尿したときに、スポンジに吸収されたものが検体になります。同じ仕組みで「検尿用採尿シート」も市販されていますので、利用してもよいでしょう。採尿できたらスポンジごとビニール袋に入れて動物病院に持って行きます。

採尿アイテム

- 吸水スポンジ
- 検尿用採尿シート

パルプシートを置いて採尿する獣医師開発の採尿アイテム。パルプシートは中性の Ph を保つので、尿検査に影響を与えない。

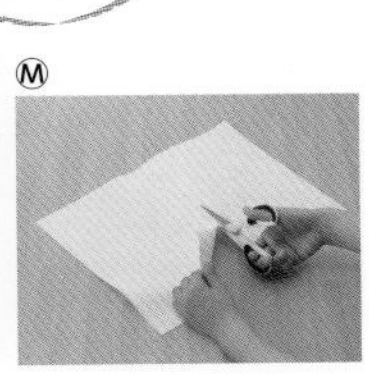

パルプシートを適当な大きさに切って使用する。

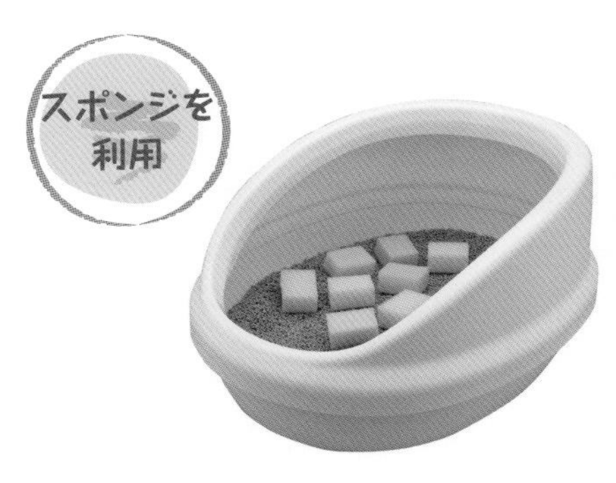

100 円ショップなどで売っている吸水スポンジを適当な大きさに切って、猫砂の上に数カ所置く。スポンジが気になって排尿しない場合や、スポンジをかじってしまう場合はすぐに中止して。

システムトイレを利用する

システムトイレを使っている場合、採尿時にシーツ用トレーに検尿用採尿シートをセットしたり、吸水スポンジを置いておけば採尿できます。ラップを敷いても OK。

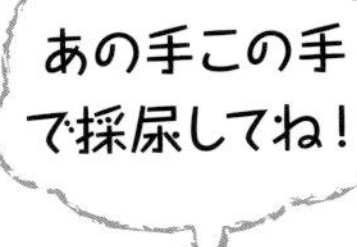

シートやスポンジがない場合、何も敷かなくてもトレイに尿がたまりますので、尿は蓋の閉まる清潔なビンや口のしっかり閉まるビニール袋などに入れて病院に持っていきましょう。ただし、雑菌が繁殖しやすいので、猫砂は採尿する前に全て新しいものに交換し、採尿後はできるだけ早く病院に届けるようにしてください。

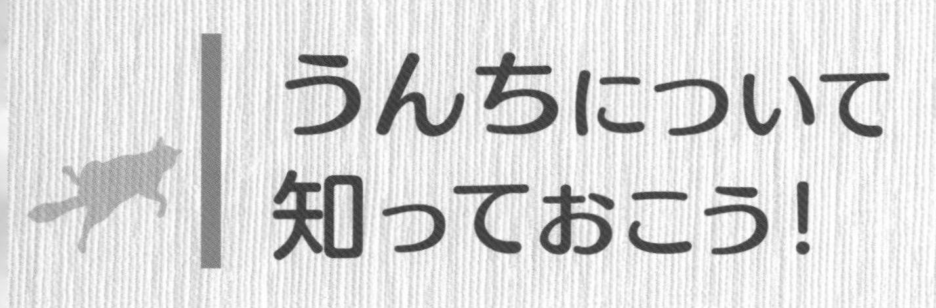

うんちについて知っておこう！

排便の様子やうんちの状態の観察を

猫の排便は、1日1～2回、毎日あるのが理想です。便がかたくて出にくいと、何度もいきんでやっと排便することもあります。毎日出ていてもかたい便なら便秘です。

便がかたいのは猫も苦痛ですから、便そのものをやわらかくする薬や療法食、便をコーティングして出しやすくするサプリメントで改善します。

また、ふだん食べているフードが、便の形状に影響していることもあります。「うちの猫、いつも便がゆるい（あるいは、かたい）かも」と感じたら、一度、動物病院に相談を。なお、猫砂をかけて時間がたった便は砂に水分が吸収され、正確な便の様子がわかりにくくなることもあります。猫が排便したらすみやかに観察するようにしましょう。

Check! うんちのあと、走るのはなぜ？

うんちをしたあと、猫が「ダ～ッ」と走り出すことがあります。「体が軽くなって気持ちいいから」「野生の名残で、敵に狙われないために、においの強いうんちからすぐに離れる」など、様々な説があります。もしかしたら「うんち、出たよ」と飼い主さんに知らせているかもしれません。猫からサインがあったらすぐにうんちを片付けて、トイレはいつもきれいに。

健康なうんち

1日、1～2回出る

猫は1日に1回も排便がなければ便秘の可能性があります。朝ご飯を食べたら出る子、飼い主さんに遊んでもらって運動したら出る子など、排便のタイミングは様々です。

親指1～2本分で、少しツヤがある

うんちの出始めから最後まで同じかたさで、水分を含んでいるので表面にツヤがあります。

食べているフードと同じような色

食事から必要な栄養分を吸収し、残った不要物がうんちとして排出されます。うんちの色は、食べているフードと似ていたり、やや濃いくらいが正常です。

心配なうんち

下痢

水様便、泥のようにベチャっとした便、など。

粘液まじりの便

ゼリーのような粘液が混ざるときは、大腸に何かしらのトラブルが起きていることがあります。

米粒状・ひも状のものが混ざっている

ノミが原因の瓜実条虫や猫回虫などの消化管内寄生虫に感染している可能性があります。子猫によくあります。

血便・黒い便

赤い血が混じっている便は、大腸や肛門の近くで起きた出血を意味します。黒くて泥のような便は「タール便」といって、胃や十二指腸、小腸で出血している可能性があります。

猫なんでもQ&A

Q トイレ以外のところで粗相して困っています。どうすればいいですか？

A

猫の粗相の原因でよくあるのが、汚れたままのトイレ。掃除を怠り、おしっこの塊やうんちがいくつも転がっているトイレを猫は嫌がります。他に「トイレの場所を変えた」「今までと違う猫砂や新しいトイレに変えた」「トイレのある部屋に来客がいる」など、猫にとって「いつもと違うこと」が原因になることもあります。また「猫砂に芳香剤を混ぜた」「トイレの近くに香りの強い芳香剤を置いた」などの場合、強いにおいを嫌がって、トイレから離れたところで粗相することもあります（145ページ）。健康でストレスがないなら、猫は自分のトイレで排泄します。粗相するには理由があり、飼い主さんが原因を突き止め解消することが解決策です。ただし、たまたまクッションに排尿したら、そこが気持ちよくて繰り返してしまうこともあります。その場合、クッションを片付けて様子を見てください。

なお、FLUTD（猫下部尿路疾患）などによる頻尿や、高齢猫の場合、運動機能の低下でトイレ通いが大変になったり、認知機能の低下でトイレを認識できなくなったりすることもあります。病気の可能性や年齢のことも念頭に置いて考えましょう。

Q 突然、壁や柱に、においの強い尿をふりかけるようになりました

A　これは「スプレー」と呼ばれるマーキング行動です。シッポを立て、おしりをシュッと持ち上げてシッポをプルプルッと震わせるようにしながら、においの強い尿をスプレーするように飛ばします。スプレーはオス猫の性成熟のサインで、外猫は自分の生活圏のあらゆるところにスプレーし、他の猫に「自分の縄張り」を誇示します。飼い猫は、家の中（縄張り）に自分のにおいをつけるためにマーキングします。多くは去勢手術をするとしなくなりますが、「多頭飼育で気の合わない猫がいる」「飼い主さんがかまってくれない」「トイレの場所が気に入らない」などの他に、来客のにおいを消そうとして靴や上着などにスプレーすることもあります。こうした原因がある場合、去勢手術後も続くことがあります。対策は、気の合わない猫がいるならその猫と完全に部屋を分けて生活させるなど、スプレーの原因を取り除くことです。来客には事情を話して、靴は靴箱、持ち物はクローゼットなどにしまうとよいでしょう。なお、猫の心を落ち着かせ、問題行動を軽減させるといわれる「猫用フェロモン製品」を利用するのも方法です。

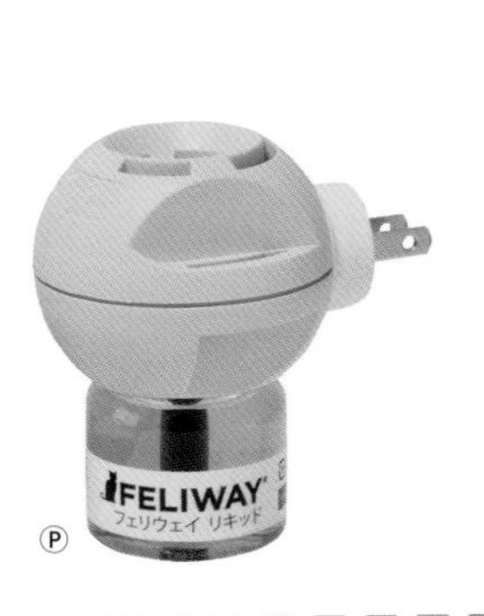

Ⓟ

Ⓟ

猫が安心したときに頬から分泌されるフェロモンに似た成分「フェイシャルフェロモンF3類縁化合物」が含まれ、猫がリラックスする効果が期待できる。コンセントに差し込んで使用する「拡散タイプ」（左）と、物に吹きかけるスプレータイプ（右）がある。

※写真脇にアルファベットの付いた商品は、222ページに販売元を記載しています。

Q

うんちをしたあと、床におしりをこすりつける行動をするのはなぜ？

A

排便のあと、猫がおしりを床にくっつけて、両手でおしりを牽引するように引きずることがあります。原因として考えられるのが、一つは「肛門腺」（肛門嚢）のトラブルです。猫や犬の肛門の左右には一対の「肛門嚢」と呼ばれる袋があり、においの強い分泌液がたまります。通常は、排便のときの肛門括約筋の収縮で、分泌液は排出されますが、何かしらの原因で分泌液が詰まると、不快感から猫は肛門を床にこすりつけます。

他に、下痢や便秘で肛門のあたりがむずむずしたり、便の中に寄生虫がいたりすることも原因です。いずれにしても、おしりを引きずる行動があったら、必ず動物病院で診てもらいましょう。分泌液の目詰まりなら、肛門腺を絞って分泌液を出してしまいます。放置すると破裂することがあり、そうなると処置が必要になります。下痢、便秘、寄生虫などが原因なら、それぞれに対する治療を行います。

Q 猫にとっても飼い主にとっても快適なトイレの消臭方法は？

A　トイレのにおいは、できるだけ換気の行き届いた場所にトイレを置き、まめに掃除して、定期的に猫砂を全て交換するなど日常的なケアが行き届いていれば、さほど気になりません。それでも梅雨の時期や湿度の高い日はにおいが気になることがありますが、そんなときは脱臭機能のある空気清浄機の利用もおすすめです。

ペット用の消臭剤を検討する場合、香りの強いものはおすすめできません。猫砂にまく消臭粒、トイレの近くに置く消臭剤もありますが、猫は人の何倍も嗅覚が優れていて、人はさほど気にならなくても猫には強烈で、トイレに近づかなくなります。また、そもそも猫が排泄物に砂をかけて隠すのは、外敵に自分の排泄物のにおいを察知されないため。排泄物にさらに別の強いにおいを被せること自体、猫の習性に反することです。におい対策に消臭剤を使う場合は、トイレのまわりに無臭の消臭ビーズを置く程度に留めましょう。

脱臭機能付の空気清浄機。　Ⓕ

※写真脇にアルファベットの付いた商品は、222ページに販売元を記載しています。

Column

猫にアロマは危険。使わないで！

アロマテラピー（アロマオイルによる芳香療法）はリラックスやストレス解消になり、「アロマディフューザー」（アロマの霧を噴霧する機器）などを利用する方も多いようです。しかしアロマのよい効果は人間だけで、猫には危険です。「アロマオイル」（精油）は、植物を凝縮し、その成分を純度100％に抽出したもの。人の場合、鼻や皮膚から吸収された精油成分は心や体にプラスに作用しますが、猫は人と肝臓機能が異なるため、体内に吸収された精油成分は毒として作用し、肝臓機能が低下します。怖いのはそれだけでなく、まちがって猫の皮膚に原液の精油が垂れたり、舐めてしまったりすると、命に関わることもあります。精油だけでなく、アロマ成分の含まれた柔軟仕上げ剤で体調をくずした猫もいます。

精油によってはリスクの低いものがあるといわれますが、確証はありません。猫のいるお家にアロマは持ち込まないほうが安心です。

Part 6

お手入れ・遊び

猫に必要なお手入れを知っておこう！

猫がやるお手入れと、人が手伝うお手入れ

猫は、1日のうちに何回もおなか、シッポ、手足、指の間、肉球などを舐めたり、食事のあとは特に念入りに、ヒゲや口のまわりを手でこすったりして身ぎれいにしています。これを「セルフグルーミング」と呼びます。

基本的なお手入れは猫は自分でできますが、被毛の長い長毛種は、飼い主さんが定期的にブラッシングをしなければ、毛がからまって毛玉になります。

また爪切りや歯磨きも、猫は自分でできません。特に爪は伸びが早く、放置すると肉球に食い込む、家具を傷つける、飼い主さんや同居猫が引っかかれてケガをするなどの可能性があります。猫ができないお手入れは飼い主さんがフォローして、猫の健康的な生活を守ってあげましょう。

猫が自分でやるお手入れ（セルフグルーミング）

ひたすら舐める！

「自分の体についたにおいを消したい！」「きれいにしておかなくては！」。そんな猫の気持ちが聞こえてきそうなくらい、猫は体を舐めてきれいにします。多頭飼育では、お互いにグルーミングすることも。

飼い主さんが手伝うお手入れ

ブラッシング

…150 ページ～

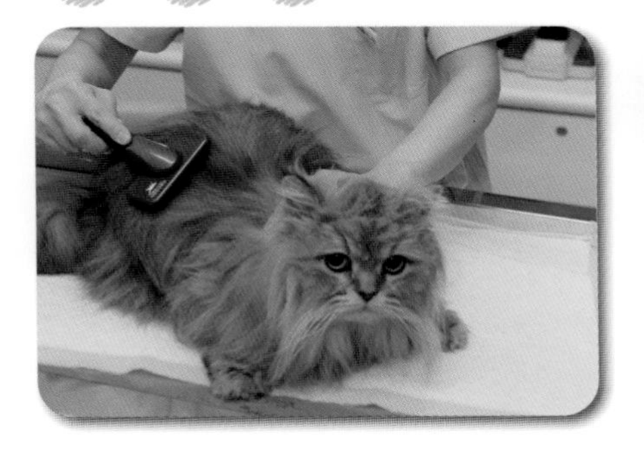

目、耳、鼻のお手入れ

…154 ページ～

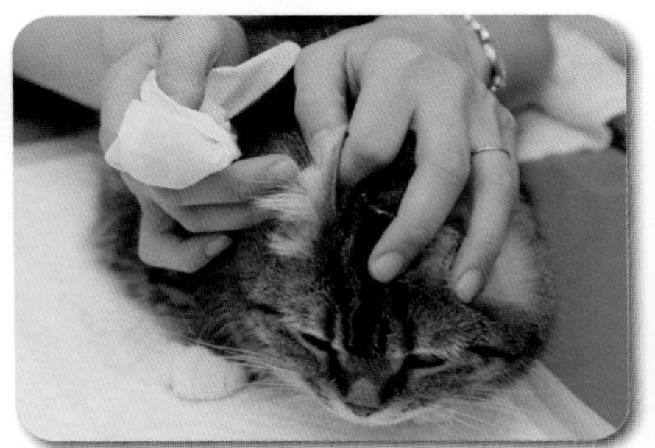

爪切り

…156 ページ～

歯みがき

…158 ページ～

Check! お手入れで健康チェック！

ブラッシングや爪切り、歯みがきなどがきっかけで、「体のどこかにしこりのようなものがある」「皮膚が赤くなっている」「歯ぐきが赤い」など、病気のサインに気づき、受診につながることがあります。猫の体を触ったり、ふだんよく見ない口の中を見たりするお手入れは、猫の健康チェックという意味でも大切です。

ブラッシングのやり方

子猫の頃から慣らすとスムーズ

成猫になって急に始めるのではなく、子猫の頃からブラッシングに慣らしておくと、その後も嫌がらずにやらせてくれることが多いようです。

成猫になり初めてブラッシングを体験する子や苦手な子には、まず体をなでることから始め、次にブラシを用いて「今日は背中だけ」「明日はワキ」というように、短時間で済む部分的なブラッシングで、少しずつ慣らしていきましょう。

嫌がらずにできたらたくさんほめたり、ごほうびのおやつをあげたりするのも、猫が嫌がらなくなる方法です。

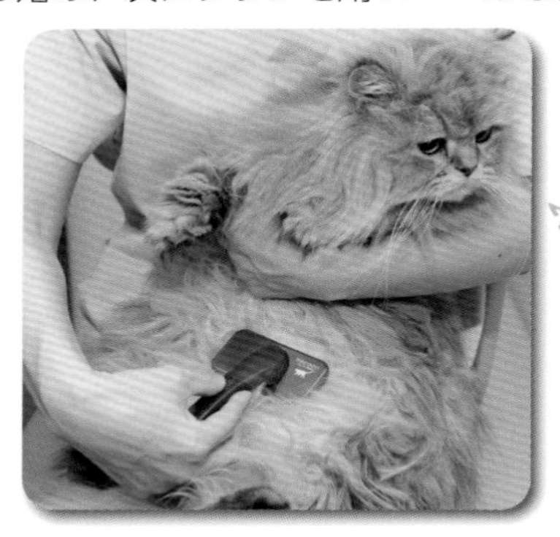

長毛と短毛では、お手入れの頻度もやり方も全く違うよ！

用意するもの

短毛種

● **ラバーブラシ**
軽くなでるだけで抜け毛やフケが吸着して取れる。

Ⓒ

● **つや出しブラシ**
ブラッシングの仕上げに。汚れが気になる部位に使っても。

Ⓒ

短毛種・長毛種

● **コーム**
ピンポイントにできた毛玉を解きほぐし、もとの状態に戻す。短毛は全体の仕上げに、長毛は部分的な毛玉ほぐしに。

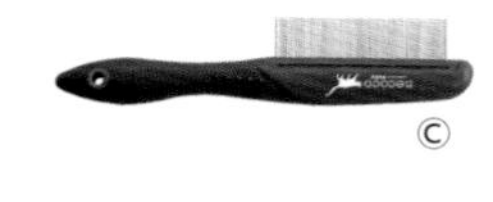

Ⓒ

長毛種

● **スリッカーブラシ**
長い毛の根元までブラシが入り、からまった毛をほぐしながらブラッシング。

Ⓒ

※写真脇にアルファベットの付いた商品は、222ページに販売元を記載しています。

皮膚を傷めないように優しいブラッシングを

短毛種は、長毛種のように定期的なブラッシングの必要はありませんが、換毛期は、ブラッシングで抜け毛を減らすことができます。無理にブラシを使わなくても、手ぐしで体全体をなでるだけでも、意外と抜け毛は取れるものです。

短毛種

背中〜おしり

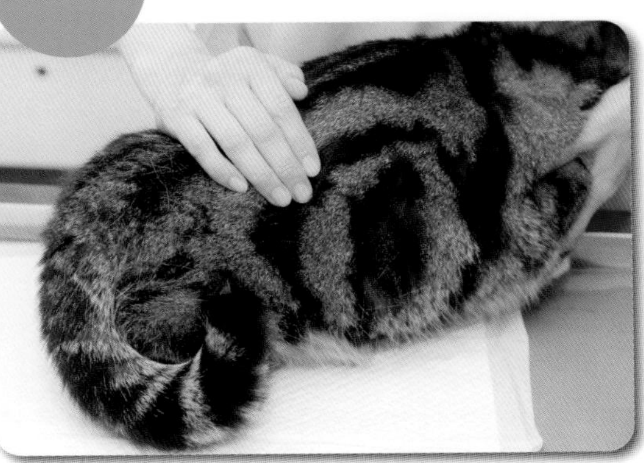

まずは手ぐしで、毛並みに沿って背中からおしりに向けて軽くなでます。リラックスさせるためにも手ぐしは有効です。

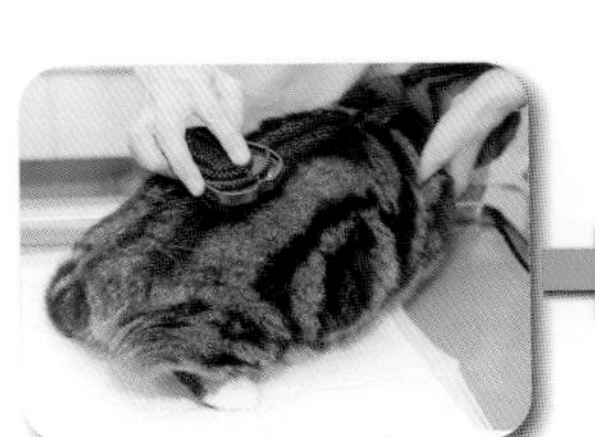

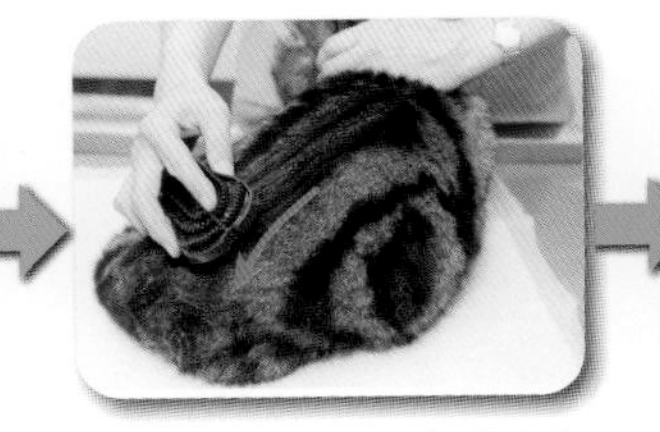

ラバーブラシで、背中からおしりに向けて軽くブラッシング。力を入れすぎないように注意して。利き手の反対の手で肩を押さえると安定します。

仕上げに

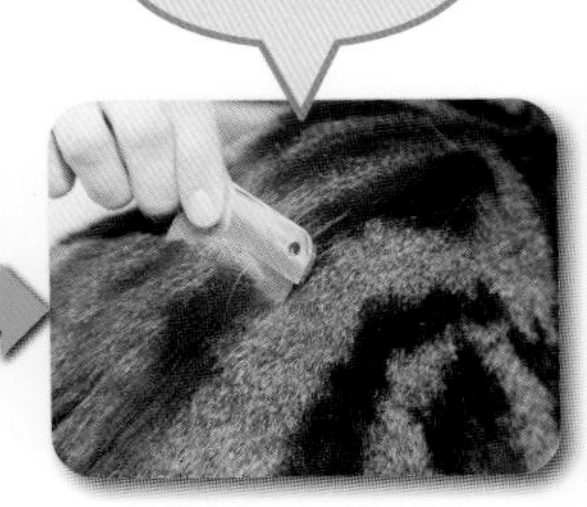

コームで軽くとかすとつやが出ます。つや出しブラシを使ってもOK。

あ ご

ブラシは苦手だけど手ぐしは好きなんだ！

フードの残渣(ざんさ)などで汚れが気になる「あご」は、つや出しブラシで軽くブラッシング。

定期的なブラッシングで毛玉を防いで

長毛種の場合、ブラッシングを怠るとあっという間に被毛はからまり、やがて毛玉になります。予防のためにも、毎日、もしくは2日に1度は必ずスリッカーブラシでブラッシングを。長毛種は人のロングヘアと同じで、一気にとかそうとすると被毛が引っ張られて痛がることがあります。細かくブラシを動かしながら、毛がからんでいるところは手でほぐしながらとかすのが、猫が嫌がらないコツです。

長毛種

首〜背中

なでたり優しく声をかけて。まずはリラックス。

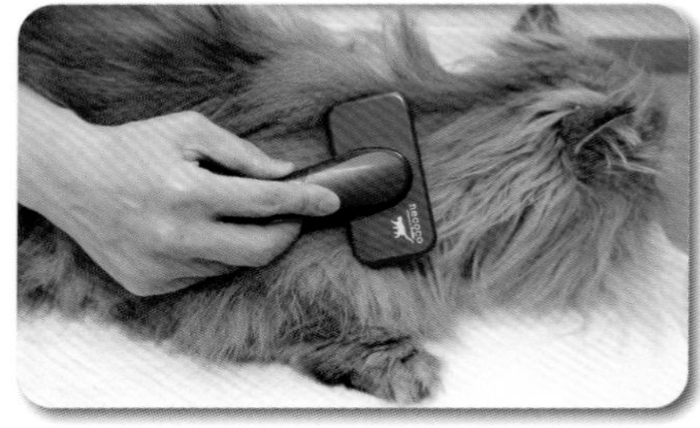

被毛を引っ張らないようにしながら、スリッカーブラシを首から背中に向けて進めます。被毛が取れたらそのつどブラシから外して。

おなか

猫を仰向けにしますが、1人で無理なときは2人がかりで。おなかは特にからまりやすいので、細かく、ていねいにとかします。

シッポ

シッポのつけ根から先に向けてとかします。つけ根のあたりがべたついたり、肛門のまわりが汚れているなら、ブラッシングの後、お湯で濡らしたタオルで拭き取って。

被毛がからまっているときは…

定期的なブラッシングにはスリッカーブラシが向きますが、被毛のからまりがひどい部位は、コームや写真のような抜け毛取り用ブラシでほぐします。

耳の後ろ

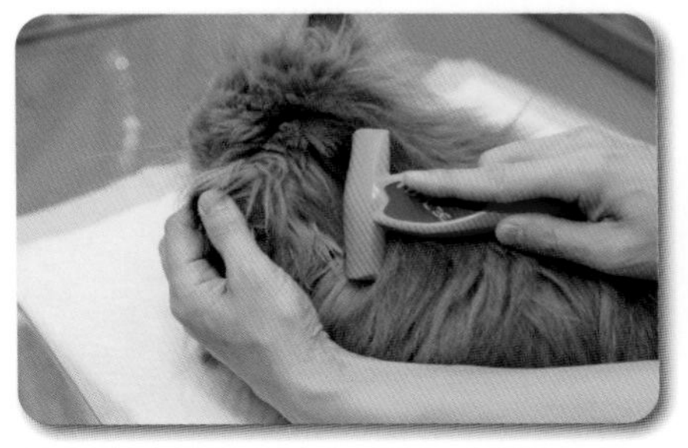

軽く耳を引っ張るようにしながら、毛の流れに沿ってからまっているところをとかします。

おなか

おなかは特にからまりやすい部位。一気に広範囲をとかそうとしないで、ポイントごとに抜け毛取り用ブラシで細かくとかします。

Check! 長毛種の足の伸び毛はどうするの？

長毛種は、足先、肉球の間からも毛が伸びますので、定期的に足の裏をチェックして、伸びた被毛をバリカンやハサミでカットします。しかし、飼い主さんがバリカンやハサミの扱いに慣れていなかったり、猫が器具を嫌がったりすると、肉球にケガをさせてしまうことがあります。肉球あたりの傷は、猫が舐めるので治りにくく大変です。足の伸び毛のカットは、獣医師やトリマーにお願いしたほうが無難でしょう。

長毛種は写真のように肉球の間から被毛が伸び、汚れやすい。

被毛が短いと猫のセルフグルーミングだけできれいにしておける。歩いたり走ったりするときのすべり止め効果も。

目、耳、鼻のお手入れ

異常がないかのチェックもかねて

目、耳、鼻は、特に気にならなければお手入れの必要はありません。目やにや鼻についた塊、耳垢が気になったときだけ、軽くお手入れしてあげましょう。

ただし、黄色っぽいネバネバした目やにが出る、目の縁が赤い、まばたきが多い、黒い耳垢が出る、強いにおいがする、猫が耳を頻繁にかく、鼻に色のついたネバネバした鼻汁がついている、という場合、何かしら病気が隠れている可能性もあるので、早めに獣医師に診てもらいましょう。その場合、耳垢などをきれいに拭き取ると検査の妨げになります。そのままの状態で受診してください。

お手入れのやり方

折りたたんだティッシュやガーゼを目頭にあて、鼻のほうに向けて拭きます。目頭から目じりに向けて拭くと、まぶたを傷つけるのでやらないで。

鼻の穴が鼻汁の塊で塞がれると嗅覚を妨げ、食事に影響が出ることも。鼻に塊がついているなら、写真のように指で取ってしまいます。綿棒は使わないようにしてください。

耳

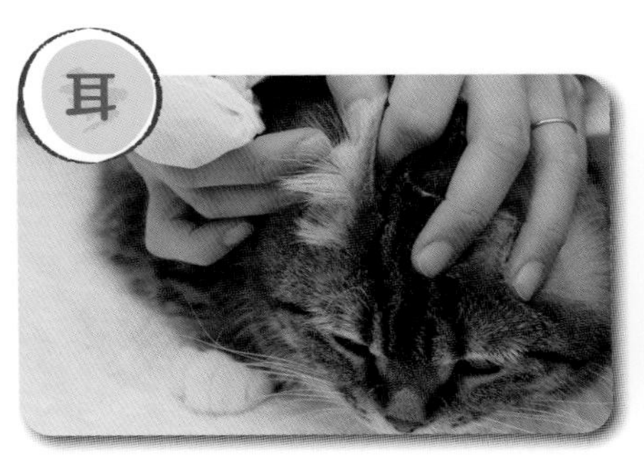

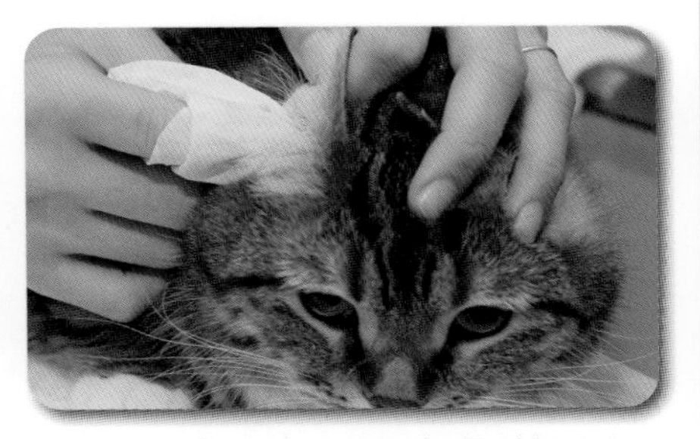

利き手の人差し指にティッシュを巻いて、奥まで指を入れようとせず、指が入る範囲だけ軽く拭きます。なお、市販のイヤークリーナー（耳洗浄液）は、外耳炎などのトラブルを起こすことがあります。使うなら耳に直接垂らさないで、ガーゼに湿らせて拭く程度で。

ボクたちのお手入れには、ティッシュやガーゼがおすすめ！

綿棒はNG！

耳の中の皮膚はやわらかいので、綿棒でゴシゴシこすると炎症が起きたり、猫が動いたタイミングで綿棒が奥まで入り込むことがあり危険です。

Check! シャンプーはしたほうがいいの？

猫にシャンプーの必要はありません。長毛種でも、日頃のブラッシングが行き届いていれば不要です。シャンプーして被毛を清潔にすることは悪いことではありませんが、シャンプーで耳の中に水やシャンプー剤が入ると外耳炎（耳介、外耳道、鼓膜の炎症）や中耳炎（鼓膜よりも奥の部分の炎症）の原因になってしまうことがあります。「シャンプーしたら猫が首をかしげるようになった」と受診される方がいますが、これは耳の炎症により三半規管（体の平衡感覚をとる器官）が影響を受けることや炎症の不快感による症状です。シャンプーは、おしりのまわりが汚れたときなどに、部分的に行うほうが安心です。その場合も、猫が体を舐めても心配ないくらい、シャンプー剤をよく洗い流すことが大切です。

爪が伸びたら切る習慣を

爪の伸び放題は、猫も飼い主も危険

猫の爪が伸びたままでは、絨毯（じゅうたん）などに爪を引っかけてケガをする、内側に巻き込んで肉球を傷つける、家具を傷つける、飼い主さんや同居猫がケガをするなど、危険なことばかりです。爪が伸びたら猫専用の爪切りで切ってあげましょう。子猫の小さな爪は、人間用の爪切りのほうが切りやすいです。

爪切りを嫌がる子もいますので、その場合は、一度に全部切ろうとしないで、「今日切れるだけ切って、残りは翌日」というペースでも構いません。どうしても自分でできないときは、動物病院で切ってもらうとよいでしょう。

爪切りは
あんまり好き
じゃないけどね

でも、切らないと
ボクや飼い主さんが
ケガをすることが
あるんだ

爪切りのポイント

爪の中の血管を切らないように注意して。深爪すると痛みが生じ、次から猫が爪切りを嫌がるようになる。

ハサミ型とギロチン型があるが、写真はハサミ型。深爪しにくいストッパーが付いていて初心者でも安心なタイプ。

Ⓒ

※写真脇にアルファベットの付いた商品は、222 ページに販売元を記載しています。

上手に爪を切るためのコツ

抱っこでも座りでも、飼い主さんがやりやすく、猫が嫌がらない姿勢で始めます。爪はふだんは隠れていますが、肉球をつまむと出てきます。あまり強くつまむと嫌がるので、軽くつまむようにして、力加減に注意しましょう。嫌がる子は２人がかりで、１人は猫の頭をなでたりすると比較的おとなしく切らせてくれることもあります。爪切りが終わったらたくさんほめてあげましょう。

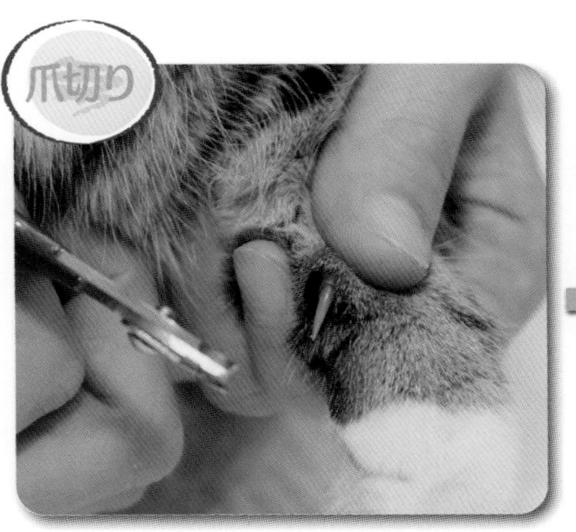

肉球を軽くつまむと爪が飛び出てきます。力を入れすぎないように。

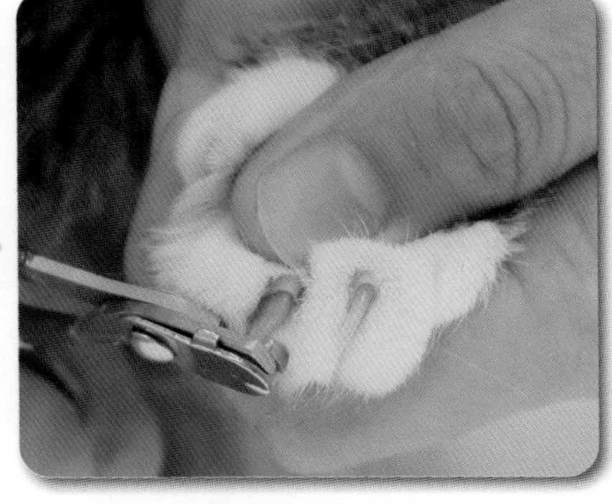

血管より少し上に爪切りをあてて切ります。手早く切るのがコツ。

3 このくらいの長さにカットされればOK。

爪の伸びの早い子猫は
１週間に１回、成猫は３週間に１回、
爪をチェックしてニャ！

歯みがきは、猫の大切な健康習慣

歯みがきで口腔内のトラブルを予防して

猫に虫歯は少ないですが、歯周病や歯肉口内炎（179 ページ）は珍しくありません。原因は、歯に細菌の温床になる歯垢と、これがかたまった歯石がたまり、口腔内の状態が悪くなること。歯と歯肉の間の歯周ポケットに歯垢や歯石がたまると炎症や出血、強い口臭、痛み、歯がグラグラするなど、様々な症状が現れます。痛みがあると、口のまわりを手でこするしぐさをしたり、ドライフードを上手に食べられなくなったりします。

問題はこれだけでなく、口の中の細菌が腎臓や肝臓、心臓などの内臓に影響を及ぼすこともあります。予防は歯垢や歯石をためないことですが、それには歯みがきが有効です。ぜひ始めてください。

用意するもの

ティッシュ

ティッシュを指に巻いて、歯を拭くだけでも十分な歯みがき効果が得られる。ただし、嫌がって指を噛まれると危険なので、ゆっくり慣らすことが大事。

赤ちゃん用歯ブラシ

乳歯が生えた頃の人間の赤ちゃんに使うやわらかくヘッドの小さなものがおすすめ。

無理にやらないで、まずは慣らして

歯みがきは、人の指や歯ブラシが口の中に入るわけですから、猫が嫌がるのは自然なこと。初めての歯みがきは、いきなりやらないで、段階的に慣らすところから始めましょう。やり方は、ティッシュで慣らしてから歯ブラシでもいいですし、歯ブラシがダメな子は、ティッシュだけでも歯垢は十分落とせます。

歯みがき　ティッシュを使って

1 顔をマッサージ

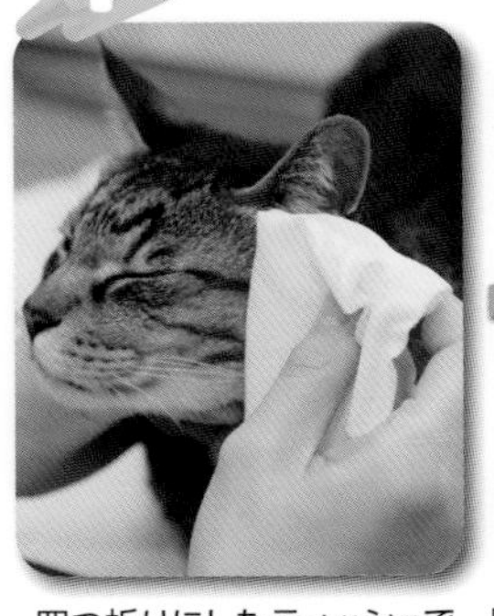

四つ折りにしたティッシュで、目じりやおでこを優しくなで、徐々に口もとのほうもなでてみます。これを1週間ぐらい続けて慣らします。

2 犬歯をなでる

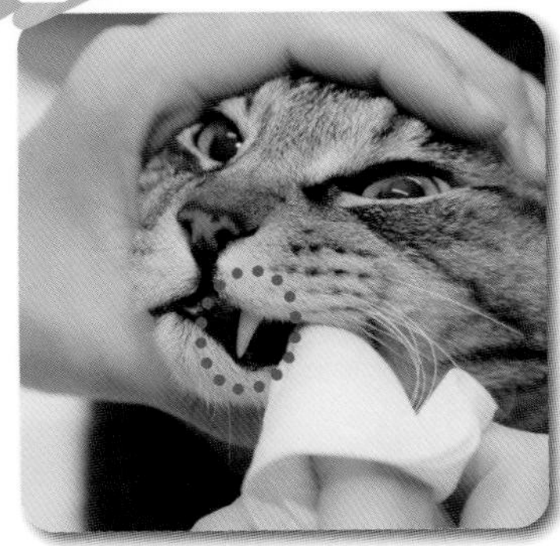

ティッシュで顔をなでられることに慣れたら、次は人差し指にティッシュを巻いて、犬歯（上下に生える一番長くて尖った歯）をなでます。これだけでも歯垢は取れます。これを1週間ぐらい続けます。

3 犬歯の隣の歯（前臼歯）をなでる

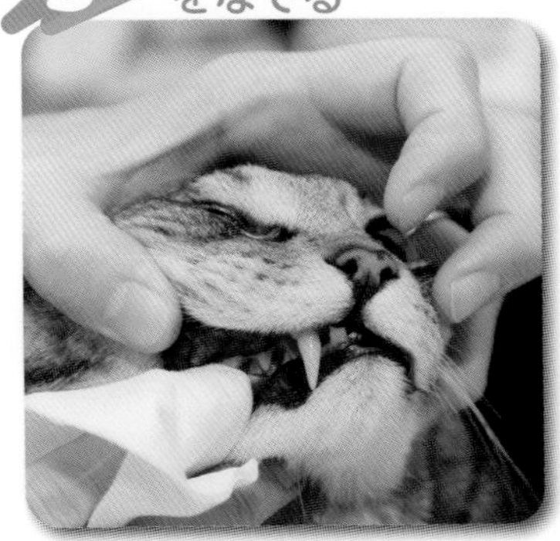

猫が歯を触られることに慣れてきたら、犬歯の隣の前臼歯までなでてみます。指でできるのはここまで。奥歯（後臼歯）までみがこうと無理をしないで。

歯ブラシを使って

1 歯ブラシで顔をマッサージ

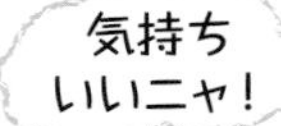

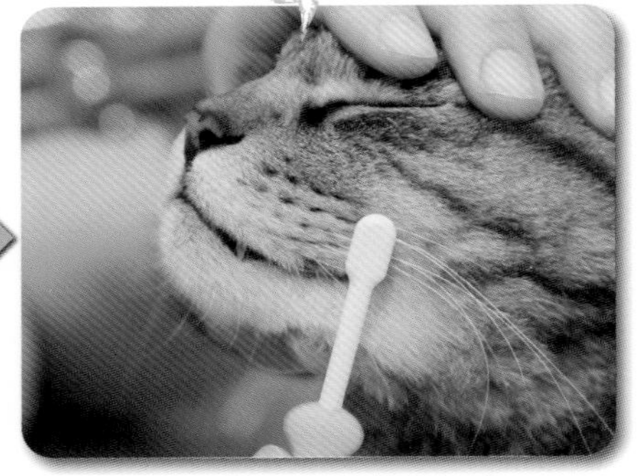

歯ブラシもティッシュと同じように、ブラシで顔をなでて慣らすところから始めます（1週間程度）。

2 犬歯をみがく

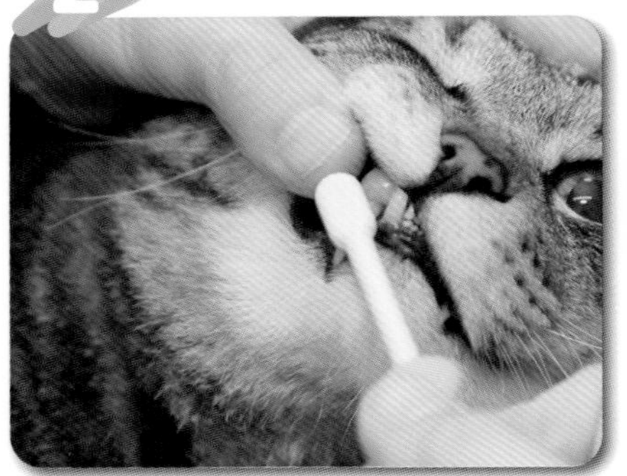

左手で頭を押さえながら、親指で犬歯を触り、歯ブラシをあてます。猫が嫌がらなければ軽く動かして。

3 前臼歯をみがく

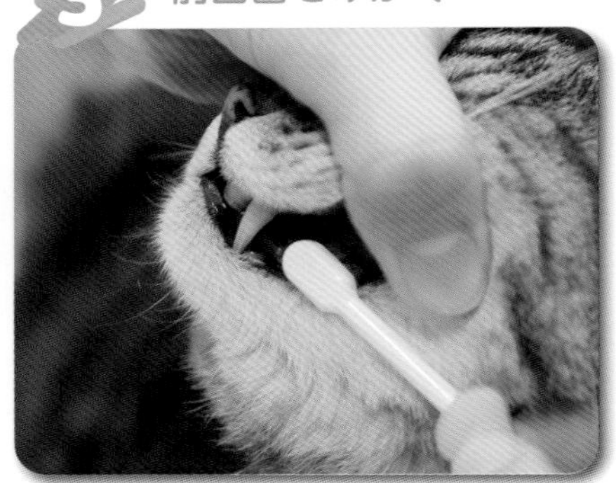

利き手の反対側の手で口唇を軽く引きあげるようにしながら、前臼歯に歯ブラシをあて、軽く横に動かします。

猫・犬用のデンタルアイテム

指でみがく感覚でみがける歯ブラシと、拭き取ることで歯垢を効率よく落とすデンタルシート。シートは、できるだけ歯肉に触れず、歯だけみがくようにしましょう。

Ⓞ

Ⓞ

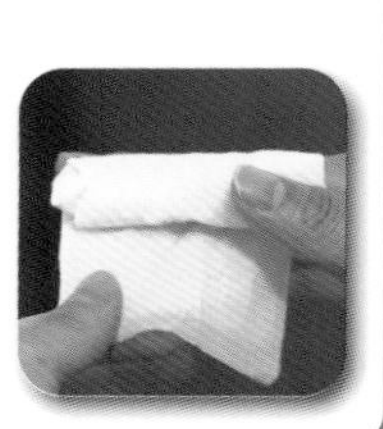

※写真脇にアルファベットの付いた商品は、222ページに販売元を記載しています。

猫も飼い主も幸せになれるスキンシップ

猫がご機嫌なタイミングでなでて

人になでられて、気持ちよさそうにしている猫は、見ているだけで幸せな気持ちになります。でも、可愛すぎるからといって、眠っているところをなでるのはよくありません。お互いが幸せな、なでるタイミングとは、猫から飼い主さんにすり寄ってきたり、おなかを見せてゴロゴロしていたりするなど、ご機嫌なときです。

あまりしつこくなでると「愛撫誘発性攻撃行動」（168ページ）といって、猫パンチや噛むなどの行動が見られることもあります。

なでるタイミングとやめるタイミングを見極めながら、幸せなスキンシップを。

猫が気持ちいいポイント

猫がスリスリしてきたら、優しく頭をなでて。

ワクチン接種のときに頭をゴニョゴニョなでたら落ち着いて、おとなしく注射を受ける猫もいるそう。

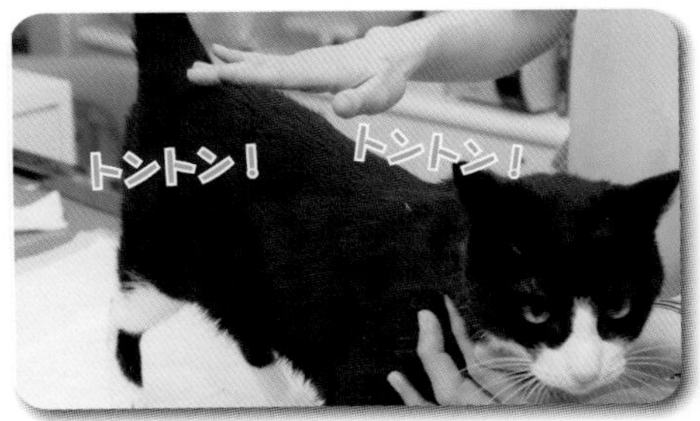

シッポのつけ根をトントンすると、ピンとシッポを立てて気持ちよさそうにします。中には嫌がる子もいるので、「ニャッ！」（やめて！）という場合はやらないで。

あごの下をゴニョゴニョなでられるのも大好き！

楽しく遊んで、運動不足&ストレス解消!

遊びには、猫にとってよい効果がたくさんある

子猫のきょうだいを見ていると、取っ組み合い、追いかけっこ、じゃれて甘噛みするなど、本当によく遊びます。傍目には無心に遊んでいるだけのように見えますが、じつは、遊びを通して仲間と円満に暮らすためのルールを身につけています。これが「社会化」です。遊びは社会化形成のほかに、神経系や運動機能の発達を促すなど、様々な効果があるといわれています。

また、猫は動くものを「獲物」と認識するため、成猫になってもヒラヒラ動く紐、コロコロ転がるボールなど、動くものを見つけてはじゃれたり転がしたりして遊びます。遊びは、猫のストレスや運動不足の解消になりますので、ぜひ毎日の生活に遊びをたくさん取り入れるようにしてください。

遊びのメリット

- 子猫の社会化
- ストレス解消
- 運動不足解消
- 飼い主の癒やされ効果

無邪気に遊ぶ猫を見るだけで微笑ましく、心が癒やされる。

猫の遊びの例

紐にじゃれたり、動くものを追いかけたり、自分が隠れて、敵を油断させて飛び出すなど、猫は頭を使った遊びも得意です。

じゃらす

猫じゃらしを空中で振る、床に置いて勢いよく左右に振るなど、猫じゃらしは定番の遊び。

転がす・蹴る

転がるボールをドリブルしたり、両手に抱えて何度も蹴ったり。ペットボトルのキャップを手先で自由に動かして、遊ぶこともある。

隠れる

箱の中に隠れて勢いよく飛び出す、2匹で追いかけっこして1匹が隠れるなど。猫は、狩猟本能を刺激する隠れる遊びも大好き。

TV画面で遊ぶ子も

天気予報でお天気図を指す棒が、猫にとっては楽しいおもちゃになることも。

市販のおもちゃを利用して

「じゃれる」「転がす」「蹴る」など、ペットショップやホームセンターには趣向を凝らした猫のおもちゃがたくさん売られています。遊ばせるときは飼い主さんの目の届くところで、紐や部品のついたものは猫が飲み込まないように注意して、人が持って遊ばせるようにしてください。

市販のおもちゃの例

けりぐるみ

猫キックしやすい細長形状のけりぐるみ（左は子猫用）。

ひもじゃらし

紐をもって自由に動かして遊ばせる。キラキラテープを猫に取られないように注意して。

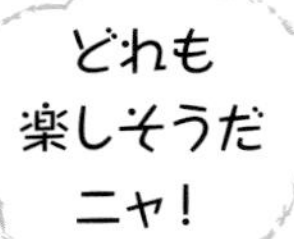

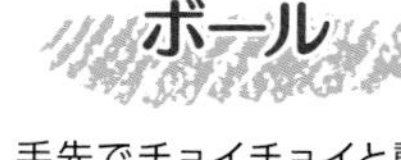

ボール

手先でチョイチョイと動かしたり、ドリブルしたり。LED ライトの点滅で、さらに楽しく遊べる。

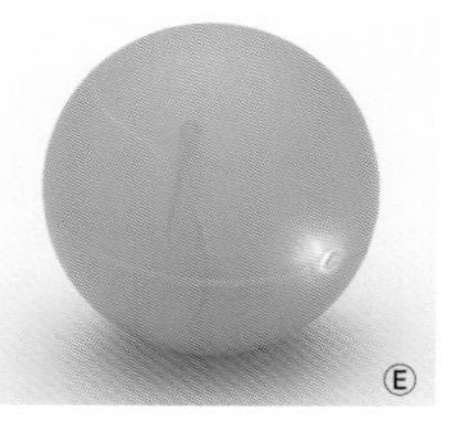

※写真脇にアルファベットの付いた商品は、222 ページに販売元を記載しています。

手作りおもちゃも楽しい

まるめた新聞紙、穴をくり抜いた段ボール箱、古くなった靴下を結んだものなど、手作りおもちゃでも、猫は十分楽しめます。ただし、毛糸玉はほつれて紐を飲み込む危険があるので、好ましくありません。安全な素材で、猫のお気に入りのおもちゃを作ってあげましょう。

手作りおもちゃの例

新聞紙ボール

新聞紙をまるめたボール。カサカサ音が狩猟本能をくすぐる。

穴あきダンボール箱

猫が入れるくらいの大きさの穴をくり抜いたダンボール箱。飛び込んで隠れたり、丸窓のあたりで猫じゃらしを振ったりしてもよく遊ぶ。

古い靴下

けりぐるみのように遊んだり、ドリブルしたり。古い靴下がおもちゃに早変わり！

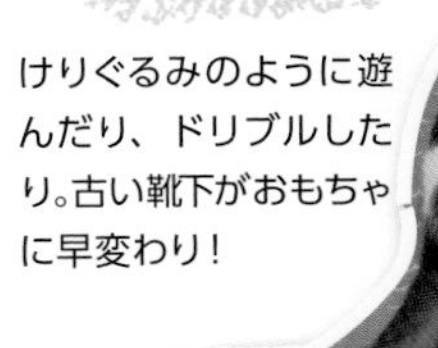

注意！ 猫におもちゃを食べられないように注意を

市販のおもちゃの中には、猫の狩猟本能を刺激するものがたくさんあります。飼い主さん主導で上手に遊ばせているうちはいいですが、ひとたび猫に取られると食べてしまうこともあります。十分注意してください。

猫なんでもQ&A

Q

長毛種の毛玉が増えて、ブラッシングできません

A

長毛種の毛質は細くてやわらかく、ちょっとブラッシングを怠るだけで、被毛はすぐにからまってしまいます。からまっても、ていねいにとかせばもとに戻りますが、放置するとあっという間に毛玉になります。軽い毛玉なら、抜け毛取り用ブラシ（153 ページ）で、皮膚を引っ張らないように注意しながら毛玉を取ることもできますが、分厚くなり、ブラシも入らないような毛玉は自力で解決できません。そうなったら動物病院や猫の扱いに慣れたトリミングサロンで、被毛をカットしてもらいます。体のあちこちに毛玉ができると、猫はいつも毛を引っ張られたような感覚になり苦痛ですし、分厚い毛玉のできているところは通気性も悪くなるため、フケや皮脂がたまり、湿疹や皮膚炎の原因になります。長毛種は、できれば毎日、最低でも２日に１回は必ずブラッシングを。

Q 歯みがきを嫌がって、口を触らせてくれません

A 週に1～2回の歯みがきは、歯周病など口のトラブルの予防になりますので、ぜひおすすめしたいです。できれば子猫の頃から、159ページで解説したようなやり方で、まずは顔をなでるところから始めて、次に口のまわりをなでて、焦らず、時間をかけて歯みがきに慣らしましょう。それでもどうしても嫌がる猫はいますので、その場合は無理をしないこと。無理に口をあけて歯をみがこうとすると、猫は恐怖心でパニックになり、ますます歯みがきが苦手になります。確かに一番有効なオーラルケアは歯みがきかもしれませんが、歯みがき効果が期待できるトリーツやフードもありますので、動物病院に相談してみましょう。なお、水を飲むことも歯垢をつきにくくします。オーラルケアのためにも、ふだんから飲水を促してください。(127ページ)。

Q

なでると突然攻撃してきます。気持ちよくないの？

A

なでられて、目を細めて気持ちよさそうにしていたのに、突然「ガブッ！」と噛みついてきたら、飼い主さんは驚いてしまいますね。これは「愛撫誘発性攻撃行動」といって、多くの猫に見られる行動です。原因は、「なでられる時間が長い」「嫌な部位をなでられた」「なで方が下手」と、いろいろあるようです。上手ななで方は、例えば「20秒以上なでると怒るので、10秒でやめておく」「なでているときに大きくシッポを振る、耳を倒すなど『やめて！』のサインがあったらすぐやめる」などです。これは、猫と付き合ううちにわかるようになるでしょう。

なお、内臓が集中しているおなかや、神経が集まっている手足やシッポは嫌がることが多いので、嫌がるならなでないほうがよいでしょう。

Q 「プリンターに向かって猫パンチ！」「新聞を広げると必ず紙面に乗る」など、猫が不思議な行動をとるのはなぜ？

A

猫は動くものが大好きです。プリンターの出力紙に反応するのは、音を立てながら排紙口から紙が出てくるのが楽しいから。プリンターから「ガチャン」と印刷の音がすると飛んできて、出力紙目がけて「パン！パン！」と勢いよく猫パンチしたりします。かわいいしぐさなのですが、紙は破れますし、プリンターが壊れてしまうこともあります。この場合、猫を室外に出してドアにカギをかけても、部屋に入りたくてドアをガリガリする可能性もありますので、印刷中だけケージに入れて、少しの間がまんしてもらいましょう。他に「新聞を広げると、猫が乗ってくるので読めない」「ノートパソコンを開くとキーボードの上に乗ってしまう」など、飼い主さんのすることを阻むような行動をとります。これには「新聞紙など限られたスペースを好む」「新聞紙をめくる音が気になる」「飼い主さんの気を引きたい」など諸説ありますが、どれも猫らしい、かわいい理由ですね。パソコンを使うのも新聞を読むのも猫が熟睡しているときにするなど、猫に合わせるほうが、まるくおさまります。

Column

ウールサッキングとは？

ウールサッキングとは、ウール（羊毛）をしゃぶる（サッキング）という意味で、猫や犬に見られる異食行動です。猫の場合、ウール、カシミヤなど、動物の毛が原料の繊維が対象になることが多いですが、木綿、化繊、ポリエステルのラグマットなど、布ならなんでも噛んでしまう猫もいます。他に、紐やビニールなどをガジガジ噛むこともあります。

原因は、子猫の頃、十分な愛情が注がれないまま親やきょうだいから離されてしまった、同居の猫と気が合わないといった精神的なもの、遺伝的な要因など様々なことがいわれます。なかには、十分に愛情を受けて育った猫にも見られることがあります。問題なのは、噛んだものを飲み込んで、腸で詰まってしまうこと。サッキングを治すのは難しいので、対象になるものは、猫の手の届かないところに隠してしまうことが予防です。

また、例えばウール製のセーターを着て猫を抱っこすると袖などを噛まれてしまうなら、ウール製の衣類は持たないこと。サッキングするのは猫が悪いわけではありません。猫の気持ちを汲んだ対策で、異食事故から猫を守ってください。

Part 7

病気の予防と治療

猫がかかりやすい病気を知っておこう

猫は病気を隠す動物。人が気づいてあげて

感染症、内臓や皮膚疾患、脳の病気など、猫には様々な病気があります。中でも猫がなりやすいのがFLUTD（猫下部尿路疾患）で、他に慢性腎不全や慢性膵炎などもあります。

猫は体調が悪くなると、高所に上ったまま降りてこない、押し入れの隅に入って出てこないなど、病気を隠すような行動をとります。そうした特性を理解して、飼い主さんが病気のサインに気がつき、早めに治療に結び付けてあげましょう。

猫によく見られる病気

感染症（174 ～ 176 ページ）

- 猫ウイルス性鼻気管炎
- 猫カリシウイルス感染症
- 猫汎白血球減少症（猫パルボウイルス感染症）
- 猫白血病ウイルス（FeLV）感染症
- 猫クラミジア感染症
- 猫免疫不全ウイルス感染症（猫エイズ／F IV）
- 猫伝染性腹膜炎（FIP）

泌尿器・腎臓の病気（177 ～ 178 ページ）

- FLUTD（猫下部尿路疾患）
- 慢性腎不全

消化器系の病気（180 ～ 181 ページ）

- 内部寄生虫（消化管内）
- 便秘
- 慢性膵炎

口の中の病気（179 ページ）

- 歯周病
- 歯肉口内炎

耳の病気（184 ページ）

- 耳ヒゼンダニ症
- 外耳炎

皮膚の病気（182 ～ 183 ページ）

- 舐性皮膚炎（舐めこわし）
- アレルギー性皮膚炎

目の病気（185 ページ）

- ウイルス性結膜炎
- 緑内障

いつもと様子が違うと感じたら、
必ず動物病院を受診して。

内分泌の病気（186 ページ）

- 糖尿病
- 甲状腺機能亢進症

呼吸器の病気（187 ページ）

- 猫ぜんそく
- 犬糸状虫症（フィラリア症）

脳の病気（188 ～ 190 ページ）

- 脳腫瘍
- てんかん

心臓の病気（191 ページ）

- 肥大型心筋症

関節の病気（191 ページ）

- 骨軟骨異形成症候群

動物から人にうつる病気（人獣共通感染症）（192 ～ 194 ページ）

- トキソプラズマ症
- 皮膚糸状菌症
- 疥癬症
- 猫ひっかき病
- パスツレラ症
- カプノサイトファーガ感染症

腫瘍（194 ～ 195 ページ）

- リンパ腫
- 悪性黒色腫（メラノーマ）
- 肥満細胞腫
- 乳腺腫瘍（乳がん）

感染症

親猫から子猫への感染、猫同士の接触、外からウイルスを飼い主さんが家に持ち込むなど、感染のルートは様々。多くの病気がワクチンで予防できますので、定期的な予防接種を忘れずに。

猫ウイルス性鼻気管炎

原因・症状

猫ヘルペスウイルスⅠ型に感染して、くしゃみ、鼻水、鼻づまりといった風邪のような症状が現れ、鼻が詰まるため、口呼吸も見られます。主に母猫から子猫への感染が多く、免疫のない子猫は重症化しやすく、肺炎などで死亡することもあります。

予防・治療

３種混合ワクチンで予防できます（73ページ）。治療の基本は対症療法です。補液や二次感染があるなら抗菌薬、抗ウイルス薬、点眼薬などを投与します。

猫カリシウイルス感染症

原因・症状

猫カリシウイルスの感染により、猫ウイルス性鼻気管炎と同じような風邪症状が現れるほか、舌や口腔内に水疱や潰瘍が多発することが特徴です。

予防・治療

３種混合ワクチンで予防できます（73ページ）。抗ウイルス作用のあるインターフェロンの注射、点滴などの対症療法を行います。口腔内の症状が強く、食事がとれない場合、経管栄養による栄養補給が選択されることも。多頭飼育の場合、感染した猫との隔離や希釈した塩素系消毒薬で丁寧に消毒を。

ワクチン接種は飼い主さんの愛情の証。大切な猫を感染症から守ってあげて。

猫汎白血球減少症（猫パルボウイルス感染症）

原因・症状

猫パルボウイルスの感染により、40℃以上の発熱、元気がない、出血を伴う強い下痢、白血球の減少などが見られます。

妊娠後期に感染した母猫から産まれた子猫には、小脳に異常が生じる小脳形成不全が出て、運動失調が見られます。

予防・治療

３種混合ワクチンで予防できます（73ページ）。点滴やビタミン剤、抗菌薬の投与などの対症療法が基本です。多頭飼育の場合、他の猫との隔離、希釈した塩素系消毒薬で消毒を。新しい猫を迎えるときは必ずワクチン接種を済ませましょう。

猫クラミジア感染症

原因・症状

「ネコクラミジア」の細菌感染によって起こります。主な症状は、結膜炎や結膜浮腫で、まれに咳が出ることもあります。

予防・治療

点眼薬の他に抗菌薬を長期間内服投与します。５種混合ワクチン（73ページ）で予防できますので、心配な場合は獣医師に相談を。

猫白血病ウイルス（FeLV）感染症

原因・症状

「猫免疫不全ウイルス感染症」（猫エイズ、176ページ）と同じレトロウイルス科のウイルスですが、感染力は猫エイズよりも強く、食器やトイレの共有などでもうつります。感染後、陰性になるのはごくまれで、ウイルスを保有し続ける持続感染の場合、予後は悪く、白血病やリンパ腫などを起こし、重篤化します。

予防・治療

感染が疑われるような猫同士の接触があった場合、その日から３週間以上開けた血液検査でわかります。多頭飼育の場合、感染した猫との徹底した隔離が必要です。ワクチン（73ページ）もあるので、獣医師に相談を。リンパ腫を発症した場合は抗がん剤を使用することもあります。

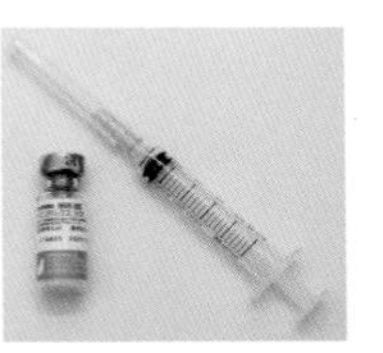

年に１度の３種混合ワクチンの接種を忘れずに！

猫免疫不全ウイルス感染症（猫エイズ／FIV）

原因・症状

「猫免疫不全ウイルス（FIV）」の感染は、多くはFIVに感染している猫とのケンカ、咬傷でうつることが多く、一緒に寝るなどの軽い接触ではうつりません。感染後、1カ月後くらいから一時的な発熱や下痢、リンパ節の腫れが見られます。その後、無症状の時期を過ごし、そのまま生涯、発症しない猫もいます。しかし、発症すると、免疫力の低下により、健康なときには問題にならないような病原体に感染する「日和見感染」から口内炎や歯肉炎、下痢や皮膚炎など多岐にわたる症状を呈します。最終的には全身状態が悪くなり、亡くなります。

予防・治療

外に出さないことが最大の予防です。先住猫がいるところにFIVキャリアの猫を保護した場合などは、ワクチン接種を検討してもよいでしょう。血液検査で猫がFIVキャリアだとわかったら、日頃から健康状態をよく観察し、異変があるときはすぐに受診してください。FIVキャリアであっても寿命を全うする猫はたくさんいます。治療は対症療法です。抗ウイルス効果のあるインターフェロンを投与したり、症状に応じてステロイド剤、抗菌薬、抗炎症剤などを投与します。

猫伝染性腹膜炎（FIP）

原因・症状

原因は「猫コロナウイルス」ですが、通常このウイルスを保有していても、多くは無症状もしくは軽い腸炎で済みます。ところが何かしらの原因により、猫コロナウイルスが「猫伝染性腹膜炎ウイルス」に変異すると、下痢、嘔吐、発熱、腹水や胸水などの症状が現れ、発症すると致死率が高まります。この病気には、胸水や腹水がたまり進行の早い「ウエットタイプ」と、目や神経系に症状が出たり、様々な臓器に肉芽腫を作る「ドライタイプ」があります。ウイルス変異はストレスが原因と考えられ、多頭飼育下での発症が多く、便や唾液から感染が広がります。

検査・治療

感染の有無は、臨床症状や胸水や腹水を用いたPCR検査や血液を用いた抗体検査で複合的に判断します。有効な治療はあまりなく、治療はステロイド剤や抗ウイルス薬、抗菌薬などによる対症療法が中心です。

泌尿器・腎臓の病気

猫は、おしっこに関係する病気が多い動物で、その代表が「FLUTD（猫下部尿路疾患）」と、加齢に伴い増えてくる「慢性腎不全」です。日ごろから排尿の様子をチェックすることが早期発見のポイントです。

FLUTD（猫下部尿路疾患）

原因・症状

FLUTD（猫下部尿路疾患）とは、簡単にいうと「膀胱と尿道の病気」の総称で、尿石症や原因のわからない特発性膀胱炎の他に、感染症や腫瘍もあります。

▶尿石症

おしっこの中に結晶ができ、それがたくさん集まることで結石となります。結石症は、尿道なら「尿道結石」、膀胱なら「膀胱結石」と、石ができる部位によって呼び名が変わります。

尿道、膀胱にできた結石が臓器を傷つけたり、尿道などに詰まったりすることで、頻尿、尿混濁、排尿痛、血尿、尿閉など様々な症状が見られます。

結石の大半を占めるのは「ストルバイト結石」と「シュウ酸カルシウム結石」の２つで、尿中にマグネシウム、カルシウムなどのミネラル成分が増えたり尿への細菌感染や、pH バランスがくずれたりすることで、できやすくなります。

予防・治療

尿を顕微鏡で見て、結石の種類を見極め、尿検査や培養検査で細菌のチェックなどを行います。受診時に尿道閉塞を起こしていると尿が出なくなり命に関わりますので、至急、尿道にカテーテルを入れて閉塞解除の処置をします。合わせて消炎鎮痛薬や抗菌薬の注射や内服薬を投与します。尿石症の治療の中心は、結石を溶かし、できにくくする療法食です。治療後、元のフードに戻すと約半数が再発するといわれ、できるだけ予防フードを継続して与えて再発を防ぎます。ストレスを与えないことや飲水量を増やすことも予防につながります。なお、尿石症には膀胱結石、尿道結石のほかに、腎臓結石や尿管結石があります。

▶特発性膀胱炎

血尿や頻尿、排尿時の痛み、トイレ以外の場所での排尿などが見られます。この病気の原因は明らかになっていませんが、膀胱粘膜の異常や免疫系の異常の他、ストレスや運動不足、肥満などが関係しているといわれます。

予防・治療

尿石症などその他の猫下部尿路疾患との鑑別が重視されます。猫にストレスがかかるような環境があれば改善し、フェイシャルフェロモン（143 ページ）の利用や、症状に応じて向精神薬、抗菌薬、消炎鎮痛薬を投与することもあります。

慢性腎不全

原因・症状

加齢とともに増えてくる病気の代表が「慢性腎不全」です。腎臓は体に不必要な老廃物を尿と一緒に排出したり、同時に必要な水分や電解質を再吸収したりして、体に戻す働きをしています。しかし、加齢など様々な原因でこの働きがうまくいかなくなると、多飲多尿や脱水が目立つようになり、食欲低下、嘔吐を繰り返します。進行すると血圧の上昇や貧血が見られることもあり、最終的には腎臓がほとんど機能しなくなります。

原因は、猫が飲水量の少ない生き物であることや遺伝の関与もいわれますが、明確にはわかっていません。

予防・治療

日頃から飲水を促す、おやつを与えすぎないなどの健康管理も予防の一つといわれます。また、7歳を迎えた頃から定期的に健康診断を受けて、尿検査や血液検査で腎臓の状態をチェックすることが大切です。

慢性腎不全は少しずつ腎臓機能を壊し、一度壊れた機能は回復しない不可逆的な進行性の病気です。そのため早期発見・治療が重要で、早く見つけて残った腎臓機能を守るための治療を行います。腎臓機能の低下が判明したら、腎臓の負担を軽くするために作られた療法食や内服薬、注射、皮下補液など、病気のステージにあった治療を進めます。

口の中の病気

猫に歯のトラブルは多く、代表的なのが歯周病や口内炎です。ときどき歯をチェックして、歯肉の炎症や口腔粘膜の潰瘍を見つけたら、すぐに動物病院を受診してください。

歯周病

原因・症状

歯周病は、歯肉炎・歯周炎の総称です。原因は、歯のまわりに食べかすなどを栄養源とした細菌（歯周病菌）の温床になる歯垢や歯石がたまり、歯肉に強い炎症が起こること。進行すると歯を支える歯根膜や歯槽骨にまで炎症が広がり、痛みを感じるようになったり、歯がグラグラしたりします。進行とともに痛みも強くなり、猫は口のまわりを触られるのを嫌がるようになったり、ドライフードが上手に食べられなくなったり、よだれが増えたり、口臭が強くなったりします。

予防・治療

歯垢はやがて歯石になり、簡単には取れなくなります。歯周病の進行にもよりますが抗菌薬の内服や、全身麻酔をかけて歯科用の機械で歯垢や歯石の除去（スケーリング）を行います。同時に歯と歯茎の間の歯周ポケットの掃除や、歯茎の炎症が強く歯がグラグラしている場合、抜歯することもあります。歯がきれいになったらなるべくその状態をキープするためにも、歯みがきは大切です。

歯肉口内炎

原因・症状

多くは歯垢や歯石の付着が原因ですが、はっきりした原因がわからないこともあります。症状は、口の中の粘膜に炎症が生じ、痛みが強く、よだれが出る、ドライフードを上手に食べられなくなるなどが見られます。特に猫の場合、猫カリシウイルス感染症や猫免疫不全ウイルス感染症（猫エイズ）による免疫不全が関与していることもあります。なお、悪化の要因の一つに慢性腎不全があります。

予防・治療

歯垢や歯石が原因の口内炎の予防は、歯みがきで口腔内環境を良好にしておくこと。治療は、歯垢や歯石の除去、必要に応じて抜歯することもあります。合わせて抗菌薬、抗ウイルス薬、ステロイド剤や非ステロイド剤、サプリメントやデンタルジェルなど症状に応じたものを選択して投与します。

消化器系の病気

猫を迎えるときは必ず便検査を受けて、消化管内に寄生する寄生虫（内部寄生虫）がいればすみやかに駆虫することが大切です。他にも食事や排便の様子で気になることは早めに動物病院に相談を。

内部寄生虫（消化管内）

原因・症状

猫の消化器官に内部寄生虫がいると、便から虫が出たり、軟便、下痢、嘔吐、食欲不振などの様々な症状が見られます。外猫だけでなく、ペットショップから迎えた猫にも寄生していることがあります。主に次のような寄生虫が多く見られます。

▶猫回虫

白い糸のような虫が便とともに排泄され判明することがよくあります。下痢、嘔吐、食欲不振などが見られ、人は砂場などで虫卵が口に入ったり、生肉に寄生する幼虫から感染することがあります。

▶鉤虫

鉤虫が小腸に寄生し、咬みついて吸血します。軽い場合は無症状ですが、寄生が多いと、食欲低下、体重減少、貧血などが見られます。

▶瓜実条虫

ノミが媒介する寄生虫で、多くは、猫の肛門のまわりに付着した片節（米粒のようなもの）を見つけ、感染に気付きます。ほとんどは無症状ですが、虫が排泄されるときにムズムズして肛門を舐めたり、床におしりをこすりつけたりする行動が見られることもあります。寄生数が多いと食欲不振や下痢などが見られます。

▶マンソン裂頭条虫

猫が、マンソン裂頭条虫が寄生しているカエルやヘビを食べることで感染。無症状のこともありますが、下痢が長引いて、貧血を起こすこともあります。

▶コクシジウム

子猫に多く、消化管内で増殖すると軟便や下痢を起こします。初回の便検査では検出できないこともあるため、疑われるときは何回か検査を行ってわかることもあります。

▶ジアルジア

下痢や嘔吐などが見られますが、感染していても症状が出ないこともあります。感染を放置すると腸にダメージを与えることもあります。

検査・治療

便検査で寄生虫を特定し、内服薬や注射、滴下薬など、その寄生虫に有効な駆虫薬で駆虫します。しっかり駆虫できているかどうか後日確認し、完全に駆虫するまで治療します。なお、瓜実条虫は人にも感染しますので、猫だけでなく生活空間のノミも駆除しましょう。ジアルジアは、通常の便検査では検出が難しく、抗原検査キットによる検査やPCR検査を行うこともあります。

便　秘

原因・症状

猫は、毎日排便があることが望ましいです。ところがフードが合わないことや、飲水不足、脱水、排便時の肛門の痛み、落ちついて排泄ができないストレスや毛球や異物の関与、加齢による筋力の低下など様々なことが原因で、便が出にくくなることがあります。ひどいと嘔吐することもあります。結腸が異常に大きくなる「巨大結腸症」や腫瘍が隠れていることもあるため、軽く考えないで必ず受診しましょう。

治療

慢性的に2、3日便が出ないなら、必ず動物病院へ。原因を探りながら、便通に配慮したフードに変更したり、排便を促す薬を飲ませます。直腸にかたい便が詰まっている場合は、摘便で便を出すこともあります。

猫も便秘はつらいもの。早めの受診と治療で排便を促して。

慢性膵炎

原因・症状

膵炎には急性と慢性がありますが、猫に多いのは慢性膵炎です。症状は嘔吐や下痢、食欲不振、活動性が低下して元気がない（沈うつ）、などです。猫の膵臓は人や犬と異なり、膵管（膵液が流れる管）が総胆管（胆汁が流れる管）と合流して十二指腸につながっています。そのため膵炎を起こすと、同時に肝臓や腸管に炎症が起こることが多く、3つの臓器の炎症を合わせて「三臓器炎」と呼びます。なお、糖尿病が関連していることもあるので、血糖値の上昇を指摘されたり、糖尿病と診断されていたりする場合は要注意です。

検査・治療

全身状態をよく見て、血液検査、超音波エコー検査などで診断します。治療は対症療法が中心で、輸液による脱水の改善や、症状に応じて鎮痛薬、胃薬、抗菌薬、ステロイド剤の投与や食事療法を行います。

様子がおかしいと
思ったら、獣医さんの
ところに連れていってニャ！

皮膚の病気

猫の皮膚疾患は、室内飼いの猫に多いものと、外猫に多いものがあります。皮膚がかゆいと掻いて悪化しますので、早めの治療で症状を緩和することが大切です。

舐性（しせい）皮膚炎（舐め壊し）

原因・症状

猫はセルフグルーミングで体をよく舐めますが、ザラザラした舌で同じ部位を舐め続け、脱毛や炎症を起こします。好発部位は口が届きやすい、前足、おなか、肛門のまわり、シッポのつけ根など。前足は、肘関節の下あたり、太ももの外側や内側など、口の届くあらゆるところが対象です。足の指と指の間を舐めすぎて脱毛、炎症が起きたものを「趾端（したん）皮膚炎」といいます。何かしらのストレスがあると、リラックス効果のあるグルーミングを執拗に続けて起こります。他に皮膚にかゆみや違和感があるとそれがスイッチになり、気になるところを舐め続けます。

また、例えば膀胱炎で腹痛があると下腹部を舐めるなど、どこかに痛みがあるとそこが気になって舐めることもあります。

治療

大切なことは、舐めている原因を解明することで、例えば同居猫と合わないといったストレスなら、部屋を分けるなどの対策でストレスを取り除いてあげましょう。それ以上舐めないように、かゆみ止め薬を使いながらエリザベスカラーや皮膚保護服などを利用することもあります。ただし、趾端皮膚炎は口が届いてしまうので別の対応が必要です。炎症が強い場合は外用薬や内服薬で治療します。

舐め壊し

アレルギー性皮膚炎

原因・症状

食べているフードそのものや使用している食器など、猫が口にしたり触れたりするものに過剰に身体が反応し、皮膚炎を起こします。顔や背中、腹部、足などあらゆるところの皮膚にかゆみや湿疹が現れ、猫が掻くことで悪化します。

治療

症状や血液によるアレルギー検査の結果を参考に、生活環境からできるだけアレルゲンを除外し、フードをアレルギー性皮膚炎用の療法食に変えるなど、様々な治療が検討されます。また、患部を舐めて悪化するようなら、内服の抗アレルギー薬や外用のかゆみ止め薬を使用した上で、一時的に皮膚保護服などで皮膚を保護することもあります。

Ⓗ 皮膚保護服

外部寄生虫による皮膚炎

外猫に多いですが、室内飼いでも寄生虫に感染すると起こることがあります。

▶ ノミアレルギー性皮膚炎

ノミの寄生による皮膚炎で、ノミが吸血するときの唾液にアレルギー反応を起こします。かゆみが激しく、掻き壊したところに細菌が感染し、皮膚がただれたようになることもあります。ノミの駆除とともに、抗アレルギー剤や抗菌薬の投与で治療します。

▶ シラミ・ハジラミ症

シラミ・ハジラミの感染が原因です。無症状のこともありますが、かゆみが強いことも。被毛に白い卵がついていることが多く、黒毛の猫はわかりやすいです。皮膚に塗布するノミ・マダニの駆虫薬が有効です。

注意! マダニが媒介する病気

マダニが付着し、吸血されると、ひどい皮膚炎が起こるだけでなく、貧血や発熱を伴う「猫ヘモプラズマ感染症」や「ライム病」といった重い病気になることもあります。また、人がSFTSウイルスを保有しているマダニに咬まれて感染すると、「重症熱性血小板減少症候群（SFTS）」という病気を発症し、命に関わることもあります。完全室内飼いの猫にリスクは少ないですが、感染が報告されている地域では、ノミ・マダニの駆虫薬で予防しておくと安心です。

※写真脇にアルファベットの付いた商品は、222ページに販売元を記載しています。

耳の病気

猫が耳をしつこく掻いていたら、耳の病気になっているかもしれません。ダニや細菌感染の可能性もあり、悪化すると治りにくくなることもあります。

耳ヒゼンダニ症

原因・症状

原因は「ミミヒゼンダニ」というダニの寄生です。迎えたばかりの子猫によく見られ、外耳に黒い耳垢がたまります。かゆみが強く、しきりに耳を掻き、掻き壊してしまうこともあります。多頭飼育の場合、容易に同居の猫にうつり感染が広がります。

検査・治療

外耳に黒い耳垢を見つけたら、拭き取らないで動物病院を受診してください。顕微鏡で耳垢を見て、ダニの卵やダニの寄生が確認できたら、駆虫薬で治療します。新しく猫を迎えたら、耳をよくチェックすることが早期発見につながります。

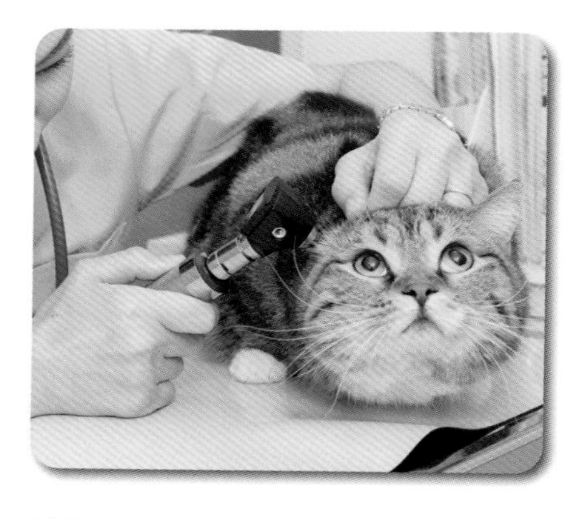

外耳炎

原因・症状

猫の耳は、鼓膜を中心に外側の外耳、内側の中耳に分かれていて、外耳に何かしらの原因で炎症が起きるのが外耳炎です。発症のきっかけは、ミミヒゼンダニの寄生や真菌、細菌などの増殖、アレルギー性皮膚炎が関与していることもあります。かゆみ、におい、耳垢、分泌液などが見られ、猫はかゆみや違和感から耳が気になり、頭を振ったり、首を傾けたり、後足で耳をしきりに掻いたりします。炎症が中耳に広がると、中耳炎を併発します。

予防・治療

軽い外耳炎なら医療用の洗浄液を軽く浸したコットンできれいにし、耳垢や細菌を取り除きます。原因が細菌感染なら抗菌薬の点耳薬や内服薬で治療するなど、原因に対して有効な治療を行います。アレルギー性皮膚炎やダニの寄生が原因なら、それに応じた治療を進めます。予防は、綿棒による耳掃除やシャンプーで耳の中を濡らすなど、外耳の刺激になることをしないこと。なお、市販の耳洗浄液による洗浄でこじらすこともあります。必ず動物病院で治療を受けましょう。

目の病気

目が充血している、うまく開けられない、涙や目やにが多いなど、目の病気のサインは気づきやすいといえます。症状が進んで猫がつらくなる前に、受診してください。

ウイルス性結膜炎

原因・症状

猫ウイルス性鼻気管炎（174 ページ）を起こす「猫ヘルペスウイルス」「猫カリシウイルス」などの感染により起こります。目やにや涙が増えたり、目が充血して違和感があったりするため、しきりに目を気にしてこすったりします。初期症状の結膜炎の他に、目の表面の透明な組織に炎症が起こる角膜炎や角膜潰瘍になることもあります。

予防・治療

角膜炎や角膜潰瘍の治療が遅れると、治癒が難しくなります。気になる症状があればすぐに受診しましょう。治療は、症状に応じた点眼薬や抗ウイルス薬の内服薬、サプリメントなどの他に、ヘルペスウイルス性結膜炎用の点眼薬もあります。猫ヘルペスウイルスは、一度感染すると体内にウイルスを持ち続け、再発することもあります。再発予防のためにも、定期的に３種混合ワクチンを受けるようにしましょう。

緑内障

原因・症状

眼圧（眼球の圧）が上がり、視神経に障害が起こる病気です。眼圧が上がると痛みがあったり、見た目に眼球が大きくなったりします。猫は犬よりも発症は少ないですが、珍しい病気ではありません。全身性の疾患から、目の中の組織のブドウ膜に炎症が起こる「ブドウ膜炎」を起こしたり、ブドウ膜に腫瘍ができて緑内障になったりすることがあります。

検査・治療

詳しい眼科領域の検査や全身状態を幅広くチェックして、症状に応じた治療を行います。緑内障は失明につながる病気ですから、目を閉じ気味にしたり、涙が増えたりするなど気になることがあれば、早めに動物病院で診てもらいましょう。

内分泌の病気

糖尿病や甲状腺機能亢進症は、加齢に伴い増え、治療の機会を逃すと命に関わることもあります。早期発見のためには日頃の様子観察と、定期的な健康診断も大切です。

糖尿病

原因・症状

糖尿病には、膵臓からインスリン（血糖値を下げるホルモン）が産生されなくなる1型と、肥満やストレス、何かしらの感染によってインスリンが十分な効果を出せなくなる2型があり、猫の糖尿病は主に2型です。「多飲・多尿」「食欲があるのに痩せてくる」といった症状が見られ、血液検査や尿検査では、空腹時でも血糖値が高かったり、尿に糖が排出される尿糖が見られます。

予防・治療

おやつやフードの与えすぎに注意し、遊びでカロリーを消費したりストレスを解消したりするのも予防です。糖尿病と診断されたら、療法食を用いた食事療法、インスリン注射や内服薬などがあります。特に食事療法は大切で、適正体重の維持が血糖コントロールを大きく左右します。

× 与えないで！

炭水化物や甘い物は糖尿病のリスクを上げるので、与えないで。

甲状腺機能亢進症

原因・症状

全身の代謝を盛んにする「甲状腺ホルモン」が過剰に放出されることが原因で起こります。体温上昇や心拍数の増加、胃腸機能の亢進など、「食欲旺盛なのに痩せてくる」「よく嘔吐や下痢をする」「怒りっぽい」「動きが活発」などの症状が見られます。10歳前後になると増えてきますが、「歳のわりに元気」とよい方に捉えられているうちに進行していることがあります。

検査・治療

シニア猫が「怒りっぽくなった」「よく動く」「よく食べるのに太らない」といった症状に気が付いたらすぐに受診してください。血液検査で甲状腺ホルモンを測定し、この病気だと診断されたら、抗甲状腺薬もしくは療法食による治療を行います。定期的に血液検査をしながら生涯にわたり治療が必要となります。

呼吸器の病気

咳や呼吸が苦しそうな症状があるときは呼吸器に異常があるかもしれません。猫は「苦しい」と言えないので、飼い主さんが気づいて、すみやかに受診につなげることが大切です。

猫ぜんそく

原因・症状

ぜんそくは、アレルギー物質が、空気の通り道の気道を刺激して炎症を起こし、気道が狭くなるために起こります。アレルギー物質は花粉、ホコリ、ダニ、タバコや線香の煙など環境中に浮遊しているものの他に、ウイルスや寄生虫もあります。気道が狭くなると「ヒューヒュー」「ゼーゼー」という喘鳴(ぜんめい)や咳をしますが、多くは一時的で、見過ごされることもよくあります。

しかし進行すると、口を開けたまま呼吸する「開口呼吸」やあごだけを動かす「喘ぎ呼吸」など、深刻な症状を示すことがあります。

予防・治療

喘鳴や咳があったら必ず受診してください。問診、聴診、レントゲン検査などで猫ぜんそくの可能性が高ければ、ステロイド剤の吸入や内服で治療します。同時に飼い主さんには環境内のアレルギー物質の除去を進めてもらいます。猫ぜんそくの大半は生涯に渡る治療と管理が必要になります。

犬糸状虫症(しじょう)（フィラリア症）

原因・症状

蚊が媒介する感染症です。感染のサイクルは、蚊が犬糸状虫症（フィラリア症）に感染した犬などを吸血し、体内に犬糸状虫の幼虫を取り込み、その後、別の犬や猫を吸血し、犬糸状虫の幼虫をうつします。犬や猫の体内に入り血流に乗った幼虫は、犬は心臓や肺の血管に寄生し、咳や心不全などの症状が起こりますが、猫は幼虫が心臓にたどり着く前に肺が影響を受け、「犬糸状虫随伴呼吸器疾患（HARD)」と呼ばれる呼吸器症状を起こします。この他にも症状は多岐に及びます。

予防・治療

フィラリア症は、月に１回の投薬で予防できる病気です。室内飼いでも室内に蚊が入ってくれば感染の可能性はあります。「住居が１階で蚊が入りやすい」「近くに水辺や藪があり蚊が多い」など、住環境に応じて、しっかり予防しましょう。

脳の病気

脳腫瘍やてんかんは、脳疾患独特の症状が見られます。病気のサインを覚えておいて、異変があれば、かかりつけの動物病院を受診し、専門的な治療を要する場合は脳神経外科専門獣医師へ。

脳腫瘍

原因・症状

脳にできる腫瘍で、髄膜腫、神経膠腫（しんけいこうしゅ）（グリオーマ）、下垂体腺腫、リンパ腫などがあり、猫や犬に最も多いのが髄膜腫です。これは脳を覆っている髄膜から発生し、脳の外側にできるため、大きくなれば脳の表面（大脳皮質）を圧迫。大脳皮質には神経細胞が集まっているため、多くの場合で体が不随意に収縮する「けいれん発作」を誘発します。

症状は、犬に比べて猫は明らかなサインが少ないですが、腫瘍のできた部位によって、右ページのような神経症状が見られます。脳の圧力が高まると、脳組織の一部が頭蓋骨の外に飛び出す「脳ヘルニア」を起こし、亡くなることもあります。

検査・治療

問診、体の反射、収縮などから脳疾患のサインを探る「神経学的診察」を行い、脳腫瘍の疑いがあればCT検査やMRI検査といった画像診断で腫瘍の有無、できている部位を確認します。治療は、脳神経外科専門獣医師が行い、一般的には、腫瘍組織を詳しく調べる病理学的確定診断を行って、外科的摘出、放射線治療、抗がん剤による化学療法を単独、もしくは組み合わせて治療します。治療が難しい場合もありますが、猫の髄膜腫は犬と比較しても良性のものが多く、摘出できれば大半は完治します。

脳腫瘍はどの猫にも起こりうる病気。気になる症状があったら「うちの子は大丈夫」と思わないで、必ず受診を。

脳腫瘍の症状

②〜⑥は「巣症状（focal sign）」と呼ばれ、腫瘍ができ、障害される部位によって症状が異なります。ほとんどが右脳か左脳のどちらかに腫瘍ができるため、体の左右どちらかに症状が現れます。

①けいれん発作

髄膜腫が大きくなり、神経細胞が集中する脳の表面（大脳皮質）を圧迫し、体が不随意に収縮する「けいれん発作」が起こる。

②左右どちらかに歩きまわる、左右どちらかのフードを無視する

「半側空間無視」という症状。大脳皮質（大脳の表面に広がる薄い層）が広範囲に障害されると、その反対側の世界を無視するために起こる。

③左右どちらかに倒れる、ふらつくなどの歩行障害

運動野の障害による麻痺や小脳の障害による症状。

④凶暴になるなどの性格の変化

感情や行動をつかさどる前頭前野の障害で起こる。

⑤目が見えていないようで、左右どちらかにぶつかる

後頭葉の視覚野が障害されて起こる。

⑥食事や飲水でむせる

飲み込みや嚥下などの動きをつかさどる脳幹や両側錐体路の障害で起こる。

⑦あまり動こうとしない、食欲がない、どこかを痛がる

脳圧が上がると髄膜を刺激し、猫や犬の場合、「なんとなく元気がない」「食欲がない」「どこかを痛がる」という症状が多い（脳圧亢進症状）。

てんかん

原因・症状

突然、意識がなくなり、倒れてけいれん発作を起こします。意識があり、体のどこか一部だけがけいれんを起こすこともあります（焦点発作）。発作が治まると何事もなかったかのように元の状態に戻るのが特徴です。原因は、脳腫瘍などの原因疾患がある「症候性てんかん」と、原因疾患がない「特発性てんかん」があります。

発作の頻度が1カ月〜数カ月に1回なら命の危険は低いですが、1日に何回も起こる、毎日続く、1回の発作が10分前後と長い場合、脳に後遺症が起こったり命の危険があるため、緊急を要します。

検査・治療

神経学的診察や血液検査で、けいれん発作の原因が別の病気なのか、あるいはてんかんによるものなのかを鑑別します。次に画像検査で症候性あるいは特発性てんかんかの確定診断をします。猫の場合、CT検査では脳の異常が見つけにくいためMRI検査になり、これにより治療方針が決まります。症候性てんかんの治療は、原因となる病気により異なります。特発性てんかんは、抗てんかん薬を投与して、発作の頻度を減らします。薬は多剤になることもありますが、コントロールがうまくいき、発作が抑えられれば、ふつうに生活できます。

てんかん発作が起きたら

急に意識がなくなり、けいれんが起こります。あわててしまいがちですが、冷静に次のことを守りましょう。

①動画を撮る

発作が起きてから、ふつうの状態に落ち着くまでを動画を撮影し、診察のときに獣医師に見せる。

②抱きかかえない

あわてて抱き上げたりすると、無意識のうちに猫に咬まれることもあります。抱き上げるよりも発作の様子を観察することが猫のためです。

※協力（188〜190ページ）：安部欣博（脳神経外科医、獣医師／安部どうぶつ脳神経外科クリニック院長）

心臓の病気

遺伝性疾患によるものなどがあり、呼吸困難、塞栓症など重篤な症状を招きます。早期発見と治療で、猫を心臓病から守りましょう。

肥大型心筋症

原因・症状

メインクーン、ラグドール、アメリカン・ショートヘアーなどが好発品種で遺伝することがあります。心臓の筋肉が内側に向かって厚くなり心臓が正常に働かなくなるため、全身に十分な血液を送れなくなります。初期は無症状ですが、遊びのあとや走ったあとに呼吸が荒くなり動かなくなるなどの症状が見られたときには、すでに病気は進んでいます。心臓の働きの低下とともに血液の流れが悪くなると、血液がかたまった「血栓」ができやすくなります。猫の場合、多くは血栓が後ろ足の大動脈に飛びます。血栓症を起こすと、呼吸困難とともに激しい足の痛みや麻痺を起こし、最後は壊死することもあります。命に関わる病気です。

検査・治療

遺伝が知られる好発品種の猫は、定期的に心臓の超音波検査や血液検査で、病気の兆候がないかどうかチェックしてもらいましょう。進行具合に合った内服薬や血栓形成の予防薬を投与して、経過をよく観察します。「以前と呼吸が違う」と感じたら、すぐに受診を。

関節の病気

遺伝性疾患の骨軟骨異形成症候群の他に、シニア期になると起こりやすい変形性関節症（207ページ）もあります。

骨軟骨異形成症候群

原因・症状

スコティッシュ・フォールド、マンチカン、アメリカンカールなどの純血種に好発する遺伝性の関節疾患。四肢の関節に「骨瘤」と呼ばれるこぶのようなものができたり、腫脹や変形が認められたりします。症状は痛みにより足を引きずるなど、正常な歩き方ができなくなります。

治　療

根本的な治療法はありませんが、炎症や痛みがある場合、消炎鎮痛剤で症状を抑えます。

動物から人にうつる病気（人獣共通感染症）

猫や犬から人にうつる病気は、正しい知識を持ち適切に予防すれば、むやみに恐れることはありません。以下のような症状が見られたときは、必ず病院を受診してください。

トキソプラズマ症

原因・症状

猫が「トキソプラズマ原虫」を保有した鳥やネズミなどを食べて感染し、便に排出されたオーシスト（原虫の生活環におけるステージの１つ）が人の口の中に入ることでうつります。感染しても無症状か、一部の人にリンパ節の腫脹や風邪のような症状が出る程度です。よく心配されるのが妊娠初期の方への感染で、胎盤を通して胎児に感染することが指摘されます。ネコ科の動物はトキソプラズマが増殖する唯一の宿主のため、猫から感染する病気と思われがちですが、ネズミや鳥を捕食せず、キャットフードを主食とする飼い猫からの感染はまずありません。リスクが高いのはガーデニングや公園の砂場の土をいじったり、生肉を食べたりすることです。土には感染した外猫の便があることがあり、生の豚肉にも稀にトキソプラズマ原虫が寄生していることがあるためです。

予防・治療

完全室内飼いの猫ならまず心配ありませんが、これから妊娠を考えている方や妊娠初期の妊婦さんは、外猫を触らない、猫の便がありそうな砂場や花壇の土は触らない、もし触ったときは必ず石鹸で手を洗うなど予防を徹底してください。外猫についても、便にオーシストが排出されるのは、一生に一度の初感染のときだけで、感染力のある時期も限られます。しかし、万が一のこともありますので、万全に予防するようにしましょう。

トキソプラズマの抗体検査

妊娠を考えている人や妊娠初期の方は、血液検査でトキソプラズマ抗体を調べるとよいでしょう。過去に感染していて抗体ができていれば新たな感染の心配はありません。最近の感染がわかっても、抗菌薬で治療できます。抗体がなければ、予防を徹底してください。

猫からうつる病気と思われがちだが、捕食をしない飼い猫からの感染の心配はまずない。

皮膚糸状菌症（しじょうきんしょう）

原因・症状

真菌（カビ）が猫の皮膚に感染して起こります。猫や犬の原因菌の多くは「ミクロスポルム属」と「トリコフィートン属」です。感染している動物との接触や、真菌が付着したタオルやブラシの使いまわしなどでうつります。免疫力の低い子猫や老猫が感染しやすく、特に顔まわりや足先などに多く見られますが、全身どこでも起こります。主な症状は、フケや皮膚の赤み、脱毛など。かゆみが強くなると掻き壊して傷になったり、患部がさらに広がることもあります。人に感染すると、赤い発疹ができたり、かゆみが現れます。

検査・治療

動物病院では、被毛を顕微鏡で見たり、特殊なランプをあて、発色の様子から感染を確認したり、被毛に付着した菌を培養したりして、真菌の感染がないかどうかを確認します。感染がわかったら、抗真菌薬で治療を始めますが、肝臓に負担をかけることがあるため、定期的に血液検査を行います。

皮膚の状態によっては、薬用シャンプーで体を洗浄します。同時期に飼い主さんがかゆみを感じ、感染が疑われた場合は、皮膚科を受診してください。

疥癬（かいせん）

原因・症状

皮膚に「ヒゼンダニ」（ネコショウセンコウヒゼンダニ）が寄生して皮膚病を起こします。耳ダニの原因になる「ミミヒゼンダニ」（184ページ）とは異なり、頭や首、顔に症状が出ることが多く、かゆみが強いため、掻き壊してしまいます。治療せずに放置すると掻き壊した皮膚はただれ、分厚くなります。ヒゼンダニは人にも寄生しますが、人の皮膚では繁殖できないため、おおむね３週間以内に死滅します。しかし一時的に激しいかゆみが起こります。

検査・治療

皮膚の表面を採取して顕微鏡検査でヒゼンダニがいるかどうか確認します。顕微鏡検査でダニが確認できないこともありますが、症状から予測がつくほど特徴的な皮膚炎を起こしますので、疑われるときは繰り返し検査します。治療は皮膚に滴下するタイプの外用薬や注射をします。状態によっては、二次感染予防のための抗菌薬を併用することもあります。同時期に飼い主さんがかゆみを感じた場合は、皮膚科で治療を受けましょう。

保護猫を迎えたときは、必ず動物病院でカビや寄生虫の感染をチェックして。

猫に咬まれたときに注意する病気

猫に咬まれたり引っかかれたりしてケガをしたら、必ず外科・皮膚科・感染症科のある病院を受診してください。また、口移しでおやつをあげるなどの濃厚接触をしない、世話をしたら必ず手を洗うことも人獣共通感染症の予防です。

猫ひっかき病

バルトネラ菌を持ったノミに猫が吸血され感染。保菌者の猫が人を咬むと、傷から菌が感染し、リンパ節の腫脹などが現れる。

カプノサイトファーガ感染症

猫や犬の口腔内に常在する「カプノサイトファーガ・カニモルサス」という細菌の感染が原因。基礎疾患があったり、免疫力が低下したりすると重症化することがある。

パスツレラ症

健康な猫や犬の口腔内に常在する「パスツレラ菌」の感染が原因。咬まれたり引っかかれた部位が炎症を起こし「蜂窩織炎（ほうかしきえん）」（皮膚の深層部から脂肪組織にかけての炎症）を起こすこともある。

腫瘍

加齢とともに腫瘍の発生は増え、悪性の場合、多くは手術や抗がん剤などの治療が必要になります。体を触ったり、食欲や体重の変化をチェックするなど、日頃の観察が早期発見のきっかけになります。

リンパ腫

原因・症状

猫に最も多く発生する腫瘍の一つ。白血球の一つであるリンパ球が悪性化します。腸管や鼻腔など、様々な部位で発生し、できる部位や組織学的な特徴により「消化器型」や「縦隔型（じゅうかくがた）」などの型に分類されます。高齢猫に多いですが、猫白血病ウイルスや猫免疫不全ウイルス（猫エイズ）に感染していると、若い猫でも発症することがあります。症状は型によって様々ですが、多くの場合、元気がなく食欲が落ち、体重減少などが見られます。

検査・治療

疑わしい部位の細胞や組織を採取して検査します。治療は化学療法が主体になりますが、リンパ腫の発生部位によっては放射線治療や外科的治療（手術）を行うこともあります。

悪性黒色腫（メラノーマ）

原因・症状

目、皮膚、口の中、四肢などメラニン細胞のあるところに発生する腫瘍です。皮膚や口の中に黒いホクロのような腫瘍ができ、急速に大きくなるのが特徴です。目には、虹彩に茶や黒いシミのような斑点が見え、急速に広がって、立体感を持つようになってきたら危険信号です。

検査・治療

全身や口の中の観察を欠かさず、眼球にシミができていないかもチェックしましょう。目にメラノーマの疑いがある場合、スリットランプという機器でシミの状態を確認したり、眼圧を測定し、形状の変化や眼圧の変化などの経過を見ます。治療は外科的治療や、状況に応じて放射線治療なども検討されます。

肥満細胞腫

原因・症状

「肥満細胞」と呼ばれる免疫に大きく関与する細胞が腫瘍化した病気。皮膚型と内臓型があり、皮膚型は猫の皮膚腫瘍の多くを占め、円形の脱毛や炎症を伴うこともよくあります。

内臓型は、食欲不振、体重減少、嘔吐や血便などが見られ全身に転移しやすく、皮膚型より悪性度が高いです。

検査・治療

皮膚型は、疑われる部位の細胞を採取して診断します。肥満細胞が認められれば手術で腫瘍を切除します。内臓型はレントゲン撮影や超音波エコー検査で脾臓や肝臓などに腫瘤がないかを確認し、見つかった場合は脾臓を摘出することもあります。

乳腺腫瘍（乳がん）

原因・症状

猫の乳腺にできる腫瘍の約80%が「乳がん」といわれています。ほとんどはメスに発生しますが、稀にオスにも発生します。発生には性ホルモンが関与しているといわれます。避妊手術を受けていない10～12歳の高齢のメスに多く発生します。乳腺にしこりが触れることで見つかり、複数カ所の乳腫にできる場合もあります。

検査・治療

早めに避妊手術を行うことで発生率が下がることが知られています。早期発見・早期治療も重要ですから、日頃からおなかをなでて、しこりが触れないかチェックしてあげましょう。治療は、乳腺の片側もしくは両側を切除する手術になりますが、年齢や転移の状況などに応じて、抗がん剤で治療することもあります。

猫なんでもQ&A

Q 動物病院の時間外に具合が悪くなったらどうすればいい？

A 動物病院の中には、診療時間外に電話を受け、飼い主さんの話を聞いて翌日受診してもらう、あるいは状況に応じて時間外でも診療を行うところもあるようです。しかし、そうした病院はそう多くはなく、一般的に時間外は、夜間診療を専門に行っている動物病院にかかることになります。いざというときのために、かかりつけ医に夜間診療の動物病院の情報を聞いておくと安心です。かかりつけ医と連携がとれている病院なら、「何時ごろどんな症状で来院し、どのような治療をした」といった診療情報の提供もスムーズです。夜間診療の動物病院には、個人の獣医師が開業している病院、地域の獣医師会設立で、獣医師が交代で診療している病院など様々です。他に、夜間救急を実施している高度医療センター（次ページ）もあり、緊急手術が必要な場合でも対応できます。なお、数は少ないですが、往診専門の動物病院もあり、夜間の往診を受けているところもあるようです。

Q

高度医療は、どんなところで受けられますか？

A

高度医療は、民間や獣医師会などが運営する高度医療センター（二次診療）や大学附属の動物病院（三次診療）で受けることができます。CT や MRI 画像診断装置など高度な検査設備や医療機器が整い専門医もいるため、一般的な個人開業の動物病院（一次診療）では対応できない検査や治療が必要な場合でも対応できます。

一般的に、24 時間の救急医療に対応しているのは、多くは二次診療で、大学附属の動物病院は臨床とあわせて研究機関としての役割が大きいといえます。また、高度医療の病院でも一般外来があり、直接受診することも可能ですが、一次診療の開業医から紹介されることが多く、例えば「レントゲンを撮ったらおなかの中に腫瘤が見つかり、腫瘍の疑いがある」という場合、腫瘍専門医のいる二次もしくは三次診療の医療機関が紹介されます。そこで治療が済んだら、かかりつけ医に戻り、治療や経過観察を続けるという流れになります。

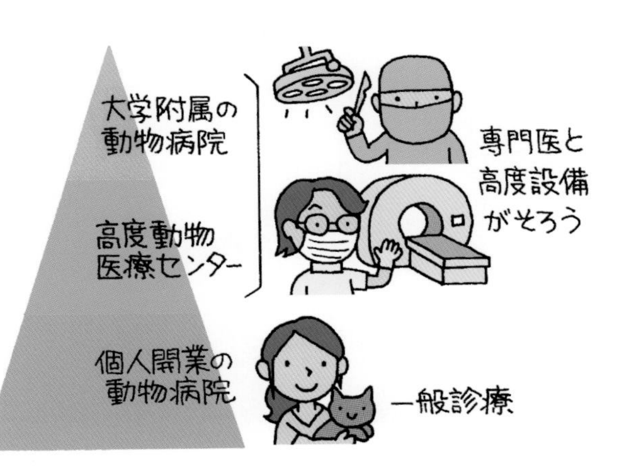

Column

ペット保険のメリットと選び方

皆保険制度の人と違って、猫など動物の医療費は全額、飼い主さんの負担になります。ですがペット保険に加入すると、掛け金を払うことで、病気やケガをしたときの治療費の一部はペット保険の販売会社から支払われます。保険加入のメリットは、「なんだかいつもと様子が違う」という場合、「(お金もかかるし)様子を見よう」ではなく、さほど躊躇することなく受診でき、病気の早期発見・治療につながりやすいこと。その後、継続的に治療が必要な場合でも、経済的な負担が軽くなり治療が受けやすくなります。ペット保険は、猫や犬に満足な治療を受けさせたいと思う飼い主さんにとって、より身近な存在になりつつあり、多くのペット保険の会社から様々なタイプの保険商品が出ています。選ぶときは、インターネットで調べたり、複数のペット保険の会社から資料を取り寄せたりして、年間の保険料、将来的な保険料、補償内容を比べて、無理なく加入できるものを選びましょう。

Part 8
シニア期の過ごし方

老化のサインは体と行動に現れる

7歳は、シニアのスタートラインと考えて

猫のライフステージは、7〜10歳が「中年期」、11〜14歳が「高齢期」、15歳以上が「老年期（後期高齢期）」に分けられます。猫の7歳は人の44歳、10歳は56歳に換算されます。人もそろそろ生活習慣病が気になったり、「体力が落ちたな」と感じる頃。猫も同じような捉え方で、7歳を迎えたら、よりいっそう健康管理に気をつけて、生活環境を見直しましょう。

8歳！ 人間に換算すると48歳！

10歳！ 人間に換算すると56歳！

中年期〜シニア期のライフステージ

7〜10歳	中年期（人間なら44〜56歳）
11〜14歳	高齢期（人間なら60〜72歳）
15歳以上	老年期（人間なら76歳〜）

老化のサイン

家庭で飼われる猫は栄養状態がよいため、歳をとっても元気で毛艶もよく、「とてもシニアには見えない」ということもあります。

老年期を迎えた猫の中にも「15歳過ぎているようには見えない」という若々しい子もいます。ですが加齢はどの猫にも平等に訪れ、加齢が進むと、下のように様々な老化のサインが見られるようになります。

ただし、老化のサインの陰に慢性腎不全や糖尿病など様々な病気が隠れていることもありますので、気になるときは必ず受診してください。

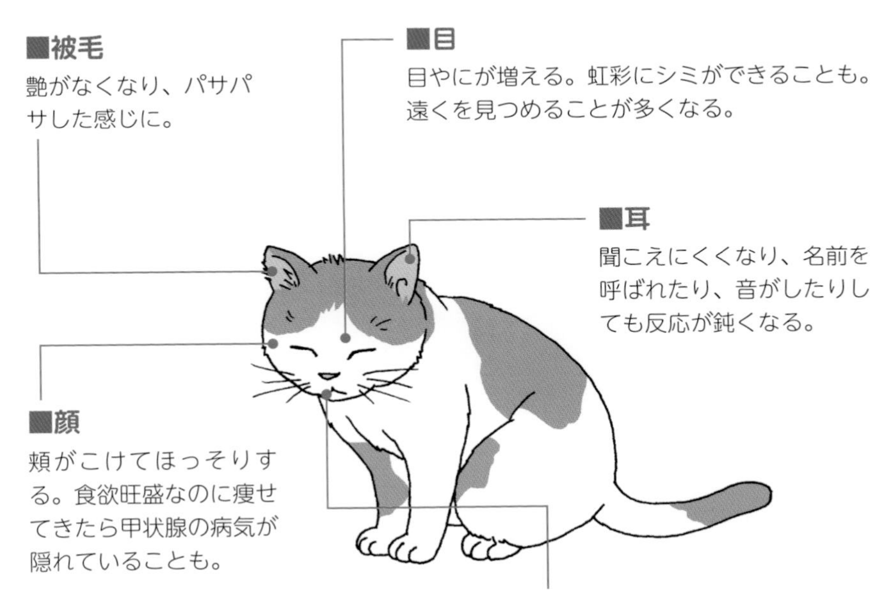

■歯

歯垢が目立ち、歯が黄〜茶色っぽくなる。歯石がついて歯周病や歯肉口内炎、口臭の原因に。

■背骨が浮く・筋肉が落ちる

老年期頃になると、背中をなでると「ゴツ、ゴツ」と背骨があたる。足や腰の筋肉が落ちて足や骨盤まわりが細くなる。ジャンプする力が低下する。

20歳！ 人間に換算すると96歳！

行動面の変化

人も歳をとると、若い頃のように活発な動きはできなくなります。それは猫も同じです。飼い主さんは「以前はジャンプが得意だったのに」「よく遊んだのに」と寂しくなるかもしれませんが、老化は素直に受け入れて、これから猫が幸せに暮らせる生活環境を作ってあげましょう。

寝ている時間が増える

猫はもともとよく寝る動物ですが、加齢による活動性の低下とともに、さらに寝ている時間が増えてきます。

ジャンプの失敗が増える

若いときはなんでもなかった場所へのジャンプも、1回で飛べなくなったり、失敗することも。

遊びが減る

以前は猫じゃらしを振ると目を丸くしてじゃれていたのに、手でチョイチョイと触るだけ。遊びを誘っても「動くのも面倒」というように、興味を示さないこともあります。

その他の行動の変化

食事のスピードが遅くなる

個体差はありますが、若いときのような勢いはなくなります。食事を前にして「食べたそうだけれど食べない」、という場合、歯周病などで痛くて食べられないこともあります。

トイレの失敗が増える

トイレからちょっとおしりがはみ出した状態だったり、さらに加齢が進むと、トイレまで行くことがおっくうになったり、トイレの場所を間違えたりすることもあります。

セルフグルーミングが減る

爪の手入れや毛づくろいなどがおろそかになります。その分、飼い主さんによるお手入れがより必要になります。

26歳 人間に換算すると120歳！

ご長寿の中のご長寿！

Check! あるある！　シニア猫のこんな行動

こうした行動は、老化のサインと重なる部分はあるものの、長年飼い主さんと暮らしたシニア猫ならではの「かわいい怠慢」なのかもしれません。

以前は必ず帰宅すると玄関まで来て迎えてくれたけれど、遠くで「のび～」をしながらこっちを見ている。

若い頃は、名前を呼ぶと必ず振り向いていたのに、歳をとったら、いくら呼んでも、「はいはい、聞こえていますから」というように目を細めて声のする方向に耳を動かすだけ。

シニア期の食事の配慮と工夫

適正体重に合ったフードを選んで

シニア期に入ると、同じ食生活をしていても、次第に痩せてくる子と太ってくる子がいます。考えられる原因は、痩せる場合、胃腸機能の低下により栄養の吸収が悪くなること、太ってくる場合は運動量や代謝機能の低下などです。どちらに傾くかは個体差にもよりますので、獣医師に相談して適正体重を見極めて、消化のよいフードや低カロリーフードなど、その猫に合ったフードを選びましょう。しかし、そうはいってもなかなか選り好みの激しいシニアもいますので、適したフードを食べてくれないなら、同じようなフードで別のメーカーのサンプルをもらって試すのも方法の一つです。

Check! 食器もシニア向けのものを

それまで使っていた食器で、こぼしたり、食べにくそうにするようになったら食器の見直しを。猫が食べるときの姿勢や食べる勢い、スピードに合った食器に変えると、食事も楽になります。

猫の頭の動きに合わせて食器の角度が変わり、フードが中央に集まるので食べやすい。Ⓝ

猫が食べやすい「高さ」と「傾斜」、鼻でつついても動かない安定感のある食器。Ⓝ

※写真脇にアルファベットの付いた商品は、222ページに販売元を記載しています。

歯の悪い子の食事の工夫

シニアになると、歯周病が進んだり、中には歯が抜けてしまったりする猫もいます。「ドライフードはかたくてかわいそう」と思いがちですが、歯がなくても痛みがなければ問題なくドライが食べられる子もいます。また痛みがある場合「ドライは嫌がるけれどウェットなら大丈夫」ということもあります。痛みがあるようなら獣医師に相談した上で、猫が好んで食べるフードを与えましょう。

療法食は獣医師の指示のもとで

「療法食」とは、病気の治療や予防を目的とした成分で調整された食事で、獣医師の指導のもとで与えます。シニアを迎えると内臓機能の低下により病気になる猫も増え、それに伴い療法食が処方されることが増えてきます。療法食の効果は優れていて、例えば慢性腎不全では、専用の療法食を与えることで腎臓の負担が減り、病気を予防したり、進行を遅らせたりすることが可能です。

ただし療法食は、やみくもに与えればよいというわけではなく、適正な与え方をしてはじめて効果が出ます。自己判断で購入しないで、必ず獣医師の指示を守り、決められた分量を与えるようにしましょう。

療法食の例

Ⓐ

FLUTD（猫下部尿路疾患）に対応。

Ⓐ

皮膚疾患に対応。

シニア用ミルク

食欲がないときや、歯周病や口内炎などで口の中に痛みがあり、フードが食べられないときは、一時的に栄養補完食の利用を検討しても。食欲低下が続くようなら必ず獣医師に相談してください。

Ⓑ

バリアフリー化を進めて、シニアに優しい空間を

高所と低所の上り下りは特に注意して

猫はジャンプや走るのが得意ですが、加齢に伴い筋力や関節機能が低下すると脚力も低下。若い頃のように「みごとなジャンプ」というわけにいかなくなります。高所にお気に入りの居場所がある子にとって、そこに行けないのはつらいですが、転落してケガをさせては大変です。Part 3で、猫の安全で快適な空間について解説しましたが、シニア期を迎えたら、さらに家の中を見直して、猫が安全に上り下りできるように工夫しましょう。

高所より低所で安心できる居場所を

猫が、床から高所に安全に行けるように、踏み台を段々に設置してあっても、やがて一段目のジャンプも危なくなります。そうなったら高所への足掛かりをなくし、上に上がれなくしてしまうほうが安全です。目安としては、猫がソファーの座面に上がれなくなったなら一段目の踏み台を撤去して、低所のお気に入りの場所で安心して過ごせるようにしてあげましょう。また猫が歩くローチェストなどは十分に奥行きがあり、余裕でUターンできるものが安全です。

トイレにスロープをつけると出入りが楽

一般的な猫トイレは、猫が入り口をまたいで入るような構造ですから、老猫になるほどトイレの出入りが負担になります。腎臓機能の低下によりトイレの回数が増えるとよけいに大変ですが、右のようなトイレの段差を埋めるスロープがあると、出入りが楽になります。

Ⓜ

シニア猫の暑さ・寒さ対策

猫は、暑いときは涼しいところ、寒いときは暖かいところと、快適な場所を探すのが得意です。しかし歳とともに歩きまわるのもおっくうになります。猫があまり動きまわらなくてもよいように、室温はこまめに調整してあげましょう。

夏はエアコンで温度・湿度を調整し、猫が「寒い」と感じたときのための猫ベッドを用意するなどの工夫を。冬はお住まいの地域にもよりますが、ストーブなどの直火暖房よりもエアコンやオイルヒーターなど安全な暖房器具と、毛布や猫ベッドなどの併用で優しい保温がおすすめです。ホットカーペットを利用するときは、あまり温度設定を上げず、毛布などの併用で。

変形性関節症が隠れていることも

段差の上り下りを嫌がる、トイレの出入りがぎこちない、寝ていることが多いなど、一見、老化によるものと片付けられてしまうような変化の陰に変形性関節症（関節の軟骨や周囲組織が障害される病気）が隠れていることがあります。特にスコティッシュフォールドは遺伝的に関節疾患になりやすく、より注意が必要です。気になるときは早めに受診してください。

※写真脇にアルファベットの付いた商品は、222ページに販売元を記載しています。

グルーミングのお手伝いは、より念入りに

加齢とともにセルフグルーミングが減る

猫は、暇さえあればグルーミングしているようにも見えますが、歳をとって体力が落ちると、グルーミングする頻度も減ってきます。若い頃は、食事のつど、手で口のまわりを念入りにこすってきれいにしていましたが、身なりを気にしなくなったかのように「汚れてもそのまま」が増えてきます。

また、あまり爪とぎをしなくなるので、爪は分厚くなってきます。他に、おしりの周囲なども汚れやすくなりますから、若い頃よりもまめに猫の体をチェックして、グルーミングのお手伝いをしてあげましょう。グルーミングで猫の体を触ることは、シニア期の病気の早期発見にもつながります。

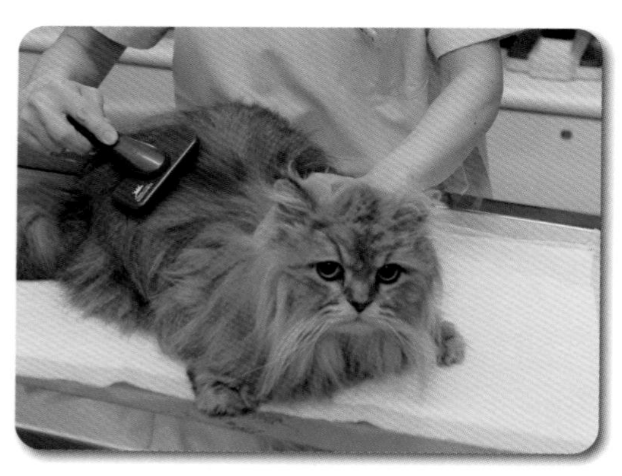

基本のグルーミング

●ブラッシング…150ページ
毛量も減ってくるので、ブラシを使うなら皮膚を傷つけないように。

●爪切り…156ページ
爪はこまめにカットして、内側への巻き込みを防ぎましょう。

●目・耳・鼻のお手入れ…154ページ
目やに、耳垢は無理せず優しいケアで。

●歯みがき…158ページ
歯周病のチェックもかねて。歯肉炎で痛みがあるようなら、獣医師に相談を。

シニア猫のグルーミングのポイント

シニアになったら特に丁寧にケアしたほうがよいポイントをあげてみました。

爪

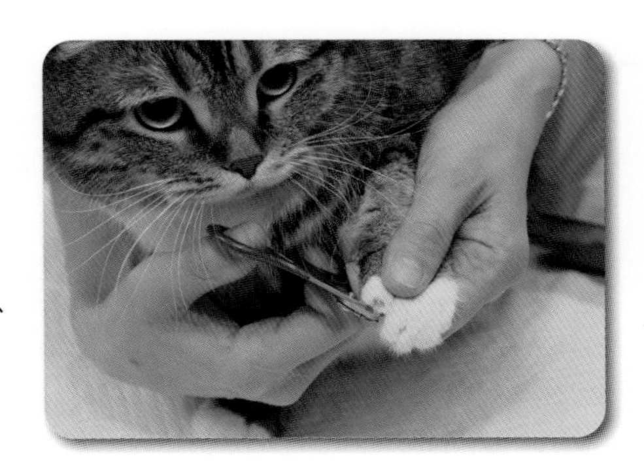

爪は加齢に伴い肥厚し、爪切りを怠ると、伸びた爪が内側に巻き込んで、肉球を傷つけます。爪のつけ根に黒い垢がたまることがありますが、あえて掃除しなくても大丈夫。綿棒などでこすり取ると炎症を起こし、趾端皮膚炎になることもあります。

お口のまわり

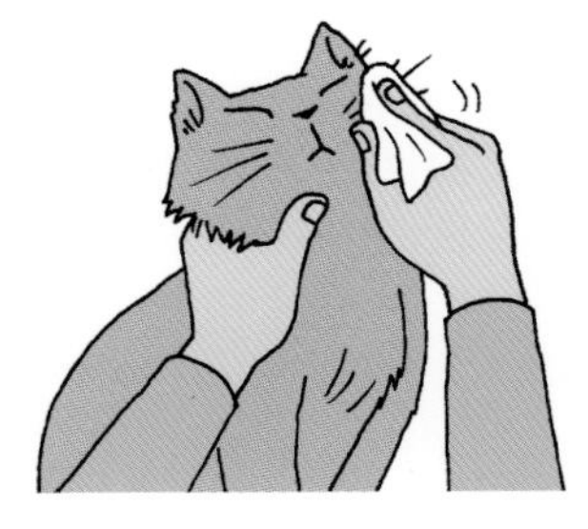

食事のあと口のまわりが汚れたら、湿らせたガーゼやコットンなどで拭いてあげましょう。汚れたままでは「あごにきび」（下記参照）ができやすくなります。

「あごにきび」とは？

皮脂や汚れが毛穴に詰まり、細菌感染を起こす皮膚疾患で、初期はあごのあたりに黒いブツブツが見られます。特にあごは、皮脂腺が発達し、食事のあとの汚れが残りやすいためにできやすいといえます。汚れた食器に繁殖した細菌が要因になることもあります。予防のためにも、口のまわりも食器も清潔にしておくようにしましょう。

おしりのまわり

肛門のまわりが汚れていたら、濡らしたガーゼや人間の赤ちゃん用のおしりふきなどで拭いてあげましょう。長毛種は特に汚れやすく、毛に隠れて見えにくいので、まめにチェックとお手入れを。

定期的に健康診断を受けよう

病気の早期発見の他にもメリットが

加齢が進むにつれ様々な病気のリスクが高まるのは猫も人も同じです。病気は進行してからより、早期発見のほうが、進行を食い止めたり、治癒したりする可能性が高いことは間違いありません。シニアの入り口、7歳になったら、年に1～2回の健康診断を受けるとよいでしょう。

健康診断は、病気の早期発見というメリットがあるだけでなく、体重や体型チェックによるフードの見直しや、シニア期ならではの心配や生活の工夫などを獣医師に相談するよい機会になります。

健診の時期は年に1度のワクチン接種に合わせてでもよいですし、「お誕生日の月」などと決めると忘れにくいです。動物病院によっては年に1～2回、定期的にSNSやハガキで健康診断の呼びかけをしているところもあります。そのタイミングで受けてもよいでしょう。

健診の内容は獣医師と相談を

猫の年齢やふだんの健康状態などを考慮して、健康診断の内容は獣医師と相談して決めるとよいでしょう。

右ページに紹介したのは基本的な健診の内容ですが、猫によっては尿検査や超音波検査、レントゲン撮影などの画像検査を組み込んだほうがよい場合もあります。

健康診断の主な内容

問診　飼い主さんから最近の様子や気になることを聞き取ります。

触診　全身をくまなく触りながら、目や耳の中、口の中も診ていきます。しこりや湿疹などの皮膚トラブルの有無、触ったときに痛がるところはないか、おなかに便がたまりすぎて便秘の兆候はないか、などをチェックします。

聴診　心臓や肺の音を聴いて、心疾患や呼吸器疾患の兆候がないかどうかチェックします。

体重・体型チェック　毎日一緒にいる飼い主さんは、緩やかな体重の増減は、わかりにくいもの。体重測定と視診、触診を含め「太り気味」「標準」「痩せ気味」を判断し、必要に応じて食事指導を行います。「急に体重が減った」という場合、病気を疑い、さらに詳しい検査に進むこともあります。

血液検査　健康状態を総合的に判断するために、採血して血液を調べます。結果の数値から、糖尿病、腎臓病、甲状腺などの病気が見つかることがあり、治療に進むきっかけになります。

受付日　：　〇〇年〇月〇日

〇〇〇〇〇〇　様
〇〇〇　ちゃん
猫／　／♂／8歳

健康診断報告書

体　重：　kg　体　温：　℃
脈　拍：　／分　呼吸数：　／分

項目	今回の成績	単位	参考基準範囲	L		H	2020/02/27	2019/02/16	2018/01/17	2017/02/08
総蛋白	6.7	g/dL	5.7-7.8	–	–〇–	–	6.6	7.3	7.6	7.3
アルブミン	3.1	g/dL	2.3-3.5	–	––〇	–	3.1	3.4	3.3	3.3
A／G比	0.9		1.4-1.1	–	––〇	–	0.9	0.9	0.77	0.83
総ビリルビン	0.1 未満	mg/dL	0.0-0.4	–	〇––	–	0.1 未満	0.1 未満		
AST（GOT）	24	U/L	18-51	–	–〇–	–	26	30		
ALT（GPT）	49	U/L	22-84	–	〇––	–	61	59	51	46
ALP	15	U/L	0-58	–	〇––	–				
γ－GTP	1 未満	U/L	0-10	–	〇––	–	1 未満	1 未満	0.1	0.1
リパーゼ	24	U/L	0-30	–	––〇	–	21	15		
尿素窒素	26.8	mg/dL	17.6-32.8	–	–〇–	–	28.7	23.3	22	19
クレアチニン	1.67	mg/dL	0.90-2.10	–	–〇–	–	1.41	1.59	1.6	1.6
総コレステロール	237	mg/dL	95-259	–	––〇	–	197	203	244	173
中性脂肪	35	mg/dL	16-130	–	〇––	–	71	28		
カルシウム	9.6	mg/dL	8.8-11.9	–	〇––	–	9.4	10	10.4	9.9
無機リン	3.4	mg/dL	2.6-6.0	–	〇––	–	3.4	3	3	3.2
血糖	116	mg/dL	71-148	–	–〇–	–	103	102	118	151
ALP（旧）	43	U/L								

〇〇〇〇動物病院

定期的に健康診断を受けることで、過去の血液検査の結果と比べることができます。

介護は1人で背負わず、まわりの力を借りて

猫の介護で疲れ切ってしまう前に

猫も人と同じように、歳をとれば、認知機能や運動機能の低下、あるいは病気によって介護が必要になることがあります。よくあるのが、夜中に大声で鳴く、トイレの場所を間違えて粗相する、食事を食べているつもりでもこぼしてしまう、など。飼い主さんは「猫の世話で夜も寝られない」「猫が心配で出かけられない」など、疲れもたまります。また「この子のために手は抜けない」と完璧を目指す飼い主さんほど精神的にいっぱいいっぱいになる傾向があります。でも、猫の介護で飼い主さんが体調を崩してしまっては、元も子もありません。

猫の介護で疲れ切ってしまう前に、かかりつけの獣医師、家族がいれば家族など、まわりの誰かに支援を求め、誰かと協力しながら介護を進めることが大切です。

流動食を処方されたら

様々な理由から、猫がそれまで食べていたフードが食べられなくなると、動物病院で流動食が処方されることもあります。その場合、シリンジで与えることになりますが、獣医師から、できるだけ誤嚥させにくい与え方の指導を受けておくとよいでしょう。

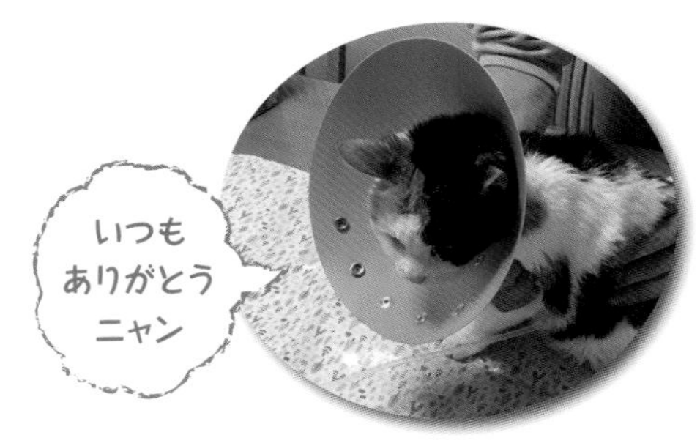

介護のポイント

完璧を目指さず、人の手を借りる

介護では「投薬」「グルーミングの手伝い」「食事の工夫」など、確かにやることが増えます。大事なことは、全て１人でしょい込んで完璧なケアを目指そうとしないで、家族がいれば家族と協力することです。信頼できるキャットシッターがいれば一時的に依頼して、その間、しっかり休んでもよいでしょう。

誰かに相談する

猫を想う気持ちが強い飼い主さんほど、例えば「夜鳴きをしたら抱っこしてあげなければかわいそう」と毎晩寝ずに抱っこして、睡眠不足でフラフラになることもあります。自分自身を追い詰めてしまう前に、猫の介護経験のある人やかかりつけの獣医師、動物看護師に相談して、例えば「夜鳴きのたびに抱っこしなくても猫は寂しくない」など、別の考え方を吸収することも大切です。

Check! 紙オムツの利用はよく考えて

猫の粗相が増えると、猫用の紙オムツを検討する方がいます。でもオムツをあてることで粗相の原因がわからなくなったり、膀胱炎などの泌尿器疾患を起こす可能性が高まったりすることがあります。まずは粗相してもよいように床にペットシーツを敷くなどの工夫で乗り切って。オムツは、トイレまで歩けなくなるなど、猫自身の負担が増えたら検討するようにしましょう。なお、猫は自力で歩ける間はトイレで排泄しようとします。こうした猫の尊厳も守ってあげたいものです。

旅立ちは、感謝の気持ちで見送って

「十分向き合った」と思える終末期を

室内飼いの猫の寿命は平均約 16 歳。それよりも短い子もいますし、長生きする子もいます。最期の迎え方も、闘病の末、あるいは昨日まで元気だったのに突然亡くなるということもあります。闘病している場合、積極的な治療を求めて通院される方もいますし、余生を家でゆっくり過ごさせたいと思う方もいます。これはどちらも正しい選択で、大切なのは、猫亡きあと「十分向き合った」「手を尽くした」と飼い主さん自身が、自分を認めてあげられることです。終末期、猫に苦痛が伴うと「できることはなかったのか？」と後悔しがちですが、そうならないためにも緩和ケアや対症療法について獣医師とよく相談し、必要なケアを受けることも大切です。

猫の写真や遺品を取っておいて

生前の写真や、首輪、ヒゲ、毛など、猫の温もりが伝わるものを取っておくと、心が和むこともあります。しばらくは悲しくて見られなくても、時間の経過とともに、思い出話ができるようになるかもしれません。

旅立ちのサインを落ち着いて受け止めて

長く暮らした猫が旅立つのは悲しいことですが、人生のある時期、共に幸せを分かち合った家族として、感謝の気持ちを込めて送り出してあげましょう。亡くなるときのサインは、口呼吸になる、体温が下がる、心拍数が減るなど。眠るように亡くなる子もいれば、息を引き取る直前に、大きな声で鳴いたり、けいれんを起こしたりすることもあります。驚いて取り乱すこともあるかもしれませんが、落ち着いて、声をかけたり体をなでたりしながら、見送ってあげましょう。

お別れのときは…

ペットシーツやタオルを敷いて

亡くなると全身の筋肉が緩み、体液や排泄物が漏れ出ることがあります。お看取りのあとは、ペットシーツや厚めのタオルなどを敷いておくとよいでしょう。

棺や箱に納める

死後2、3時間で死後硬直が始まりますので、その前に猫が入るくらいの棺や箱に寝かせます。荼毘(だび)に付すまで保冷剤などで遺体を冷やして腐敗を遅らせます。

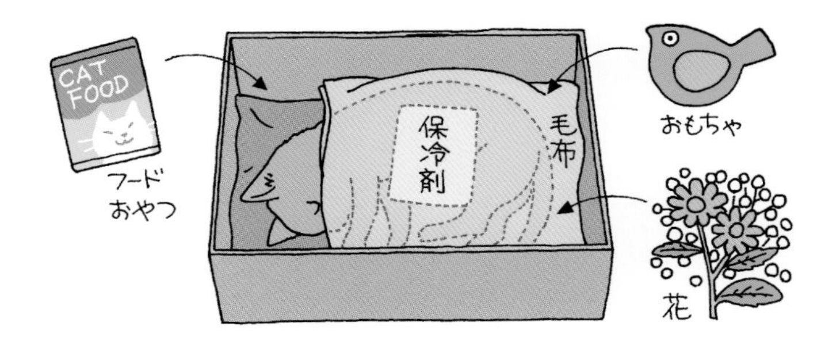

3 見送りまで一緒に過ごす

愛用していた毛布やタオルをかけて、お気に入りのおやつやおもちゃ、飼い主さんのにおいのついた服など、思い出のものをそばに置いてあげて。最期のときをゆっくり寄り添って、たくさん悲しむのも供養になります。

見送る方法は様々

猫の見送り方は飼い主さんの考え方、住宅環境などによっても様々です。主に下のような方法がありますが、近年は火葬が多いようです。猫の供養になり、飼い主さんが納得できる方法を検討するとよいでしょう。

動物霊園・ペット葬儀社

人も動物も供養するお寺、ペット葬儀社などがあります。火葬、納骨も個別、合同と希望に応じて選べ、立ち会い葬の場合、骨を拾うことも可能です。システムや料金はペット霊園や葬儀社によりますので、事前に調べておくとよいでしょう。

遺骨の安置方法

ペット霊園の納骨堂、個別墓地、合同墓地の他に、近年、飼い主さんと猫が入れる「ペットと入れるお墓」も増えています。なお「近くに置いておきたい」という場合、自宅に遺骨を安置しても法的には問題ありません。

自治体に連絡

自治体経由の火葬では、遺骨の返却ができないことがほとんど。費用は自治体によりますが、3000 円程度。

自宅で埋葬

持ち家なら庭に埋葬しても問題ありません。カラスなどの野生動物に荒らされないように、深めに穴を掘って埋葬します。賃貸なら大きめのプランターに埋葬すれば、引っ越しのときも対応できます。「土に返したい」という思いがあれば検討しても。

しっかり悲しむことも回復のステップ

大好きだった猫がいなくなったあと、心にぽっかり穴があいたような気持ちになる、猫が足に体をこすりつけ、甘えてくるような錯覚に捉われる、亡くなった猫のことを思い出すと涙が止まらなくなるなど、心や体に様々な変化が起こることがあります。

猫を介護していた方では気持ちが塞ぎ「何もやる気が起きない」ということもあります。こうした現象は「ペットロス症候群」と呼ばれ、しばらく症状が続きますが、やがて時間が解決してくれるでしょう。

ペットロスを抜け出すためには、悲しいときはがまんしないでしっかり悲しむ、同じ経験をした家族や友人に話を聞いてもらう、などが有効です。それでもなかなか抜け出せず、生活に支障をきたすようなら、医療の力を借りることも選択肢の一つです。

ペットロスを乗り越えたきっかけ

ペット霊園でお葬式

火葬したあと住職にお経を読んでもらったら、「やるべきことは全てやった」と思えた。「あなたが元気でいることが、一番の供養です」と住職に言われたことも心に響いた。

同居猫に救われた

亡くなった猫のほかにも猫がいたので、その猫の世話で気持ちが紛れた。

新しい猫を迎えた

亡くなってすぐはつらくて新しい猫を迎えることは考えていなかったが、数カ月後に保護猫を譲り受けた。新しい猫が悲しみを癒やしてくれたと思う。

獣医さんに話を聞いてもらった

最期まで診てくれた獣医さんが悲しみを共感してくれたことがいちばん大きかったと思う。

友達からお悔やみカードが届いた

猫が亡くなってしばらくしたら、友人からお悔やみカードが送られてきた。優しい心遣いと共感してくれる文章に癒やされた。

猫なんでもQ&A

Q

高齢猫が夜中に大きな声で鳴きます。猫も認知症になるの？

A

「うちの子は認知症でしょうか？」と心配される飼い主さんからよく聞くのが「夜鳴きがひどい」「部屋の入り口やトイレの場所を間違える」「四六時中、低い声で鳴いている」「怒りっぽい」などの行動の変化。動物の認知症研究はほとんど進んでいませんし、人間のように、起きている現象が認知症かどうかの鑑別診断もできません。ですが、人の認知症の背景に、老化による脳の血流不足や老廃物の蓄積などがあることを考えれば、猫や犬の脳でもそれと同様の変化があると推測され、それが様々な行動変化につながっていると考えられます。ただし、こうした行動変化の陰には、脳腫瘍や甲状腺機能亢進症などの病気が隠れていることもありますので、「歳のせい」と片付けないで、まずはかかりつけの獣医師に相談しましょう。症状によっては、サプリメントや内服薬で、ある程度抑えられることもあります。

※協力：安部欣博（脳神経外科医、獣医師／安部どうぶつ脳神経外科クリニック院長）

Q 胃にチューブを入れて流動食を入れることになりました 猫はつらくないの？

A

何かしらの原因で、猫が全く食事を食べなくなると抵抗力が落ち「治るはずの病気も治らない」「どんどん状態が悪くなる」といった負の連鎖が起こります。それを阻止するためには、鼻からチューブを入れる「経管栄養」や、体の外から胃に直接チューブをつないで栄養を送る「胃ろう・食道ろうチューブ」などが検討されることがあります。ですが「猫がつらいのでは？」と、チューブの装着に抵抗感を抱く飼い主さんも少なくありません。確かに、鼻からチューブを入れる場合、少し鼻がむずむずするかもしれませんが、入ってしまえばふつうに生活できます。「胃ろう・食道ろう」も、設置するときは内視鏡や手術が必要ですが、その後は自由に歩きまわることもできます。問題はチューブを入れないことのほうで、栄養が取れずに衰弱が進むと、取り返しのつかないことになります。あくまでもチューブ挿入は一時的な処置で、抵抗力がついて食欲が戻れば抜去します。不安なことは獣医師に聞いて、猫の命のために、前向きに捉えてください。

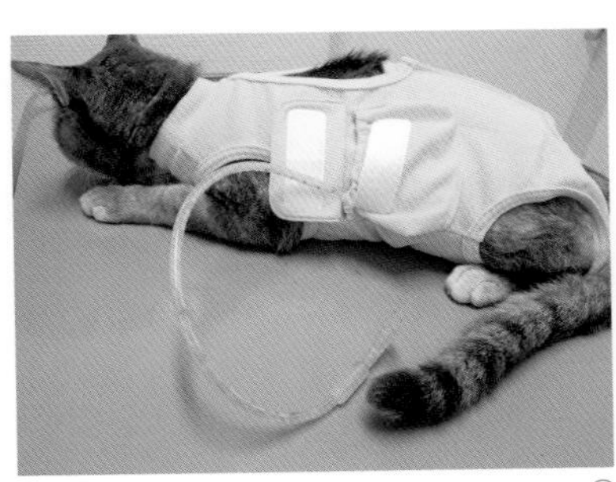
Ⓗ

胃ろうチューブ対応の猫用介護服もある。

※写真脇にアルファベットの付いた商品は、222 ページに販売元を記載しています。

Q

終末期の在宅医療を考えています。どんなことができますか？

A

終末期を迎えたとき「残された時間、少しでも長く一緒に過ごしたい」「自宅で医療的ケアを施したい」と考える飼い主さんはたくさんおられます。こうした思いは獣医師に伝え、「自宅で何ができるのか」について説明を受けておくとよいでしょう。在宅で飼い主さんができることには、流動食の給餌、皮下点滴などがあります。流動食は、経管栄養チューブや食道ろう・胃ろうチューブが留置されていればチューブから、なければシリンジで口から流します。皮下点滴とは、皮膚の下に点滴をすることで、慢性腎不全が進み、尿量増加による脱水を防ぐために毎日補液が必要になった場合、多く使われます。ただし動物病院によっては在宅医療を行わないところもありますし、行う場合は、獣医師から手技、手順などの細かい指導を受けなければなりません。また、呼吸が苦しくなった場合は、自宅に酸素ハウスをレンタルすることもできます。酸素ハウスを貸し出している動物病院もありますし、専門の業者から直接レンタルすることも可能です（地域による)。

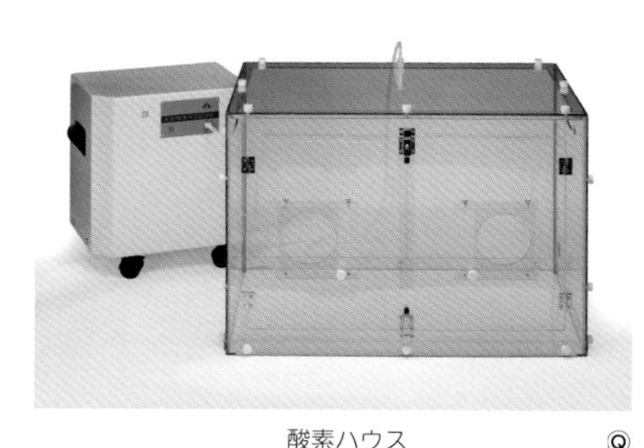

酸素ハウス 

慢性腎不全用の流動食 Ⓐ

※写真脇にアルファベットの付いた商品は、222 ページに販売元を記載しています。

Column

ご長寿猫の表彰状

ご長寿動物へのお祝いと動物を大切に育てる飼い主さんへの感謝の意味を込め、公益財団法人・日本動物愛護協会（JSPCA）では、高齢の猫や犬に「長寿表彰状」を発行しています。申請条件は、満18歳以上の猫で、専用の申請書とかかりつけの獣医師による「年齢・生存証明書」（飼い主の記入は不可）をJSPCAに郵送。表彰状授与は、現在一緒に暮らしている猫で、一生涯に1回のみ。申請書と年齢・生存証明書のフォーマットはJSPCAのホームページからダウンロードできます。

詳しくは、JSPCAのホームページをご覧ください。

https://jspca.or.jp/

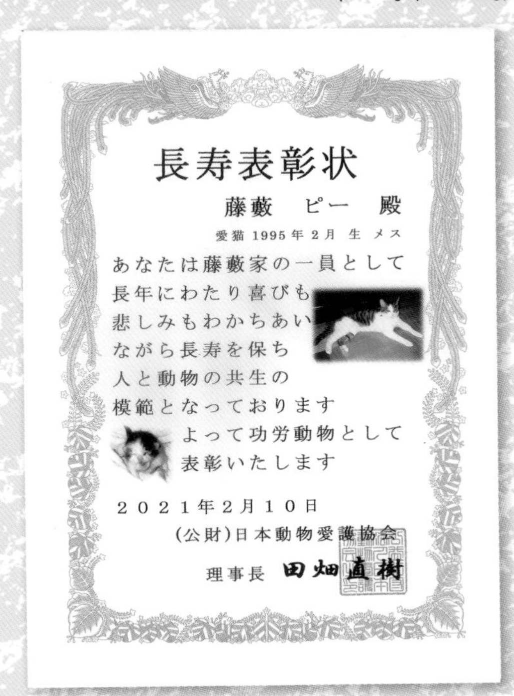
長寿表彰状

藤藪　ピー　殿

愛猫 1995年2月 生 メス

あなたは藤藪家の一員として
長年にわたり喜びも
悲しみもわかちあい
ながら長寿を保ち
人と動物の共生の
模範となっております
よって功労動物として
表彰いたします

２０２１年２月１０日

(公財)日本動物愛護協会

理事長　田畑直樹

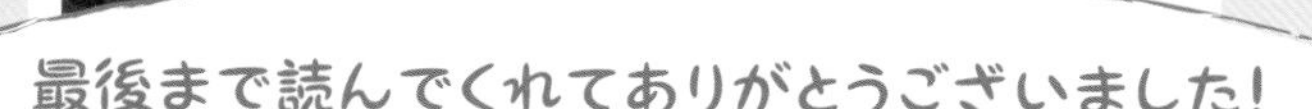

最後まで読んでくれてありがとうございました！
この本が、猫と飼い主さんの幸せな生活に役立ちますように！

浅草橋 ねこの病院 スタッフ猫一同

次郎さん

ふぁんちゃん

バロンくん

チャロウくん

■ 掲載商品販売元

※掲載している商品は、仕様の変更や販売中止の可能性もございます。ご了承ください。

Ⓐ ロイヤルカナン
Ⓑ 森乳サンワールド
Ⓒ ペティオ
Ⓓ リッチェル
Ⓔ ファンタジーワールド
Ⓕ アイリスオーヤマ
Ⓖ テラモト
Ⓗ すとろーはうす
Ⓘ マース ジャパン リミテッド
Ⓙ ヘルスビジョン
Ⓚ ヨシカワ
Ⓛ 津川洋行
Ⓜ ペピイ
Ⓝ ペッツルート
Ⓞ ライオン
Ⓟ ビルバックジャパン
Ⓠ テルコム

■ 参考文献

●まんがで読む 教えてドクター！　猫のどうする⁉解決ＢＯＯＫ（作・西宮三代、マンガ・ホシノユミコ、監修・兼島孝（獣医師）／日東書院）
●猫と暮らす住まいのつくり方（監修・金巻とも子／ナツメ社）
●ねこと暮らす家づくり（著・金巻とも子／ワニブックス）

●監修者紹介

獣医師、「浅草橋 ねこの病院」院長　岩下理恵（いわした　りえ）

2002年、日本獣医畜産大学(現・日本獣医生命科学大学)卒業。幼少期から大の猫好き。都内動物病院勤務を経て、2012年、猫専門動物の「浅草橋 ねこの病院」開院。獣医師でもあるが、一人の飼い主として来院された方と気持ちを共有し、寄り添う診療を目指している。愛猫は、次郎さん、ふぁんちゃん。

獣医師　齋藤礼子（さいとう　れいこ）

2002年、日本獣医畜産大学(現・日本獣医生命科学大学)卒業。「浅草橋ねこの病院」勤務。猫と飼い主さん目線の診療が人気。他愛のない会話を楽しみにされる方も多い。愛猫は、保護猫カフェから迎えたチャロウくん。

獣医師　相馬淳子（そうま　じゅんこ）

2003年、日本獣医畜産大学(現・日本獣医生命科学大学)卒業。大動物、小動物の診療を経て、「浅草橋ねこの病院」勤務。歯切れがよく、わかりやすい説明と丁寧な診療に定評がある。

浅草橋 ねこの病院

〒111-0053　東京都台東区浅草橋5-20-8 CSタワー 1F
TEL：03-5829-8570　日曜・祝日休診
※診察は要予約（予約は電話で）
https：//cat-hospital.jp

●アクセス「JR浅草橋駅」西口から徒歩8分、「JR秋葉原駅」昭和口から徒歩10分、「地下鉄日比谷線秋葉原駅」A1出口から徒歩10分、「都営地下鉄大江戸線新御徒町駅」A 4出口から徒歩8分。

●取材協力
安部欣博（脳神経外科医・獣医師／安部どうぶつ脳神経外科クリニック院長）、
金巻とも子（1級建築士・家庭動物住環境研究家）、公益財団法人・日本動物愛護協会

●staff
取材・編集／西宮三代（株式会社かぎしっぽ）
写真／井川俊彦、大津わこ、服部佳洋、平山法行（株式会社かぎしっぽ）
デザイン／株式会社あおく企画
イラスト／金田啓介、ホシノユミコ、松本　剛

いちばんよくわかる！ 猫の飼い方・暮らし方

監　修　岩下理恵（いわしたりえ）　齋藤礼子（さいとうれいこ）　相馬淳子（そうまじゅんこ）

発行者　深見公子

発行所　成美堂出版
〒162-8445　東京都新宿区新小川町1-7
電話(03)5206-8151　FAX(03)5206-8159

印　刷　広研印刷株式会社

ISBN978-4-415-33012-9
落丁・乱丁などの不良本はお取り替えします
定価はカバーに表示してあります